水体污染控制与治理科技重大专项“十一五”成果系列丛书
流域水污染防治监控预警技术与综合示范主题

农村生活源水污染风险管理

李开明　张英民　卢文洲　等著

電子工業出版社
Publishing House of Electronics Industry
北京·BEIJING

内 容 简 介

本书在对农村生活污水和农村散养畜禽污水管控与治理现状分析的基础上，从立法导向、污水处理技术与监督管理等方面提出了减缓和控制农村生活源水污染风险的政策建议，构建了农村生活源水污染风险管理优化模式。本书还通过典型案例，介绍了农村生活源水污染风险评价流程、重要评价指标选取及风险管理措施推荐等内容。

全书共8章，包括国内外农村水污染治理概况、我国农村生活污水与散养畜禽污水现状、农村生活源水污染风险管理的立法导向、技术政策、监管政策及农村生活源水污染风险分类管理优化模式、应用案例和展望。

本书可供从事水环境风险评估与管理、水生态治理与修复及水资源利用与保护的本科生、研究生、高校教师、科研工作者及环境管理决策人员参考。

图书在版编目（CIP）数据

农村生活源水污染风险管理 / 李开明等著. —北京：电子工业出版社，2016.12
（水体污染控制与治理科技重大专项“十一五”成果系列丛书）
ISBN 978-7-121-30680-8

Ⅰ. ①农… Ⅱ. ①李… Ⅲ. ①农村－水污染源－风险管理－中国 Ⅳ. ①X52

中国版本图书馆CIP数据核字（2016）第311331号

责任编辑：李　敏　　特约编辑：刘广钦
印　　刷：三河市双峰印刷装订有限公司
装　　订：三河市双峰印刷装订有限公司
出版发行：电子工业出版社
　　　　　北京市海淀区万寿路173信箱　邮编　100036
开　　本：720×1000　1/16　印张：14.5　字数：186千字
版　　次：2016年12月第1版
印　　次：2016年12月第1次印刷
定　　价：59.00元

凡所购买电子工业出版社图书有缺损问题，请向购买书店调换。若书店售缺，请与本社发行部联系，联系及邮购电话：（010）88254888，88258888。

质量投诉请发邮件至zlts@phei.com.cn，盗版侵权举报请发邮件至dbqq@phei.com.cn。

本书联系方式：limin@phei.com.cn或（010）88254753。

水专项“十一五”成果系列丛书
指导委员会成员名单

环境保护部水专项“十一五”成果系列丛书
编著委员会成员名单

总 序

我国作为一个发展中的人口大国，资源环境问题是长期制约经济社会可持续发展的重大问题。在经济快速增长、资源能源消耗大幅度增加的情况下，我国污染排放强度大、负荷高，主要污染物排放量超过受纳水体的环境容量。同时，我国人均拥有水资源量远低于国际平均水平，水资源短缺导致水污染加重，水污染又进一步加剧水资源供需矛盾。长期严重的水污染问题影响着水资源利用和水生态系统的完整性，影响着人民群众身体健康，已经成为制约我国经济社会可持续发展的重大瓶颈。

“水体污染控制与治理”科技重大专项（以下简称“水专项”）是《国家中长期科学和技术发展规划纲要（2006—2020年）》确定的十六个重大专项之一，旨在集中攻克一批节能减排迫切需要解决的水污染防治关键技术、构建我国流域水污染治理技术体系和水环境管理技术体系，为重点流域污染物减排、水质改善和饮用水安全保障提供强有力科技支撑，是新中国成立以来投资最大的水污染治理科技项目。

“十一五”期间，在国务院的统一领导下，在科技部、发展改革委和财政部的精心指导下，在领导小组各成员单位、各有关地方政府的积极支持和有力配合下，水专项领导小组围绕主题主线新要求，动员和组织全国数百家科研单位、上万名科技工作者，启动了34个项目、241个课题，按照“一河一策”、“一湖一策”的战略部署，在重点流域开展大攻关、大示范，突破1000余项关键技术，完成229项技术标准规范，申请1733项专利，初步构建了水污染治理和管理技术体系，基本实现了“控源减排”阶段目标，取得了阶段性成果。

一是突破了化工、轻工、冶金、纺织印染、制药等重点行业“控源减排”关键技术 200 余项，有力地支撑了主要污染物减排任务的完成；突破了城市污水处理厂提标改造和深度脱氮除磷关键技术，为城市水环境质量改善提供了支撑；研发了受污染原水净化处理、管网安全输配等 40 多项饮用水安全保障关键技术，为城市实现从源头到龙头的供水安全保障奠定科技基础。

二是紧密结合重点流域污染防治规划的实施，选择太湖、辽河、松花江等重点流域开展大兵团联合攻关，综合集成示范多项流域水质改善和生态修复关键技术，为重点流域水质改善提供了技术支持，环境监测结果显示，辽河、淮河干流化学需氧量消除劣 V 类；松花江流域水生态逐步恢复，重现大麻哈鱼；太湖富营养状态由中度变为轻度，劣 V 类入湖河流由 8 条减少为 1 条；洱海水质连续稳定并保持良好状态，2012 年有 7 个月维持在 II 类水质。

三是针对水污染治理设备及装备国产化率低等问题，研发了 60 余类关键设备和成套装备，扶持一批环保企业成功上市，建立一批号召力和公信力强的水专项产业技术创新战略联盟，培育环保产业产值近百亿元，带动节能环保战略性新兴产业加快发展，其中杭州聚光研发的重金属在线监测产品被评为 2012 年度国家战略产品。

四是逐步形成了国家重点实验室、工程中心—流域地方重点实验室和工程中心—流域野外观测台站—企业试验基地平台等为一体的水专项创新平台与基地系统，逐步构建了以科研为龙头，以野外观测为手段，以综合管理为最终目标的公共共享平台。目前，通过水专项的技术支持，我国第一个大型河流保护机构——辽河保护区管理局已正式成立。

五是加强队伍建设，培养了一大批科技攻关团队和领军人才，采用地方推荐、部门筛选、公开择优等多种方式遴选出近 300 个水专项科技攻关团队，引进多名海外高层次人才，培养上百名学科带头人、中青年科技骨干和五千多名博士、硕士，建立人才凝聚、使用、培养的良性机制，形成大联合、大攻关、大创新的良好格局。

在 2011 年“十一五”国家重大科技成就展、“十一五”环保成就展、全国科技成果巡回展等一系列展览中，以及 2012 年全国科技工作会议和 2013 年年初的国务院重大专项实施推进会上，党和国家领导人对水专项取得的积极进展都给予了充分肯定。这些成果为重点流域水质改善、地方治污规划、水环境管理等提供了技术和决策支持。

在看到成绩的同时，我们也清醒地看到存在的突出问题和矛盾。水专项离国务院的要求和广大人民群众的期待还有较大差距，仍存在一些不足和薄弱环节。2011 年专项审计中指出水专项“十一五”在课题立项、成果转化和资金使用等方面不够规范。“十二五”我们需要进一步完善立项机制，提高立项质量；进一步提高项目管理水平，确保专项实施进度；进一步严格成果和经费管理，发挥专项最大效益；在调结构、转方式、惠民生、促发展中发挥更大的科技支撑和引领作用。

我们也要科学认识解决我国水环境问题的复杂性、艰巨性和长期性，水专项亦是如此。刘延东副总理指出，水专项因素特别复杂、实施难度很大、周期很长、反复也比较多，要探索符合中国特色的水污染治理成套技术和科学管理模式。水专项不是包打天下，解决所有的水环境问题，不可能一天出现一个一鸣惊人的大成果。与其他重大专项相比，水专项也不会通过单一关键技术的重大突破，实现整体的技术水平提升。在水专项实施过程中，妥善处理好当前与长远、手段与目标、中央与地方等各个方面的关系，既要通过技术研发实现核心关键技术的突破，探索出符合国情、成本低、效果好、易推广的整装成套技术，又要综合运用法律、经济、技术和必要行政的手段来实现水环境质量的改善，积极探索符合代价小、效益好、排放低、可持续的中国水污染治理新路。

党的十八大报告强调，要实施国家科技重大专项，大力推进生态文明建设，努力建设美丽中国，实现中华民族永续发展。水专项作为一项重大的科技工程和民生工程，具有很强的社会公益性，将水专项的研究成果及时推广并为社会经济发展服务是贯彻创新驱动发展战略的具体表现，是推进生态文明建设的有力措施。为广泛共享水专项“十一五”取得的研究成果，水专项管理办公室组织出版水专项“十一五”成果系列丛书。该丛书汇集了一批专项研究的代表性成果，具有较强的学术性和实用性，可以说是水环境领域不可多得的资料文献。丛书的组织出版，有利于坚定水专项科技工作者专项攻关的信心和决心；有利于增强社会各界对水专项的了解和认同；有利于促进环保公众参与，树立水专项的良好社会形象；有利于促进专项成果的转化与应用，为探索中国水污染治理新路提供有力的科技支撑。

最后，我坚信在国务院的正确领导和有关部门的大力支持下，水专项一定能够百尺竿头，更进一步。我们一定要以党的十八大精神为指导，高擎生态文明建设的大旗，团结协作、协同创新、强化管理，扎实推进水专项，务求取得更大的成效，把建设美丽中国的伟大事业持续推向前进，努力走向社会主义生态文明新时代！

周生贤

2013年7月25日

前 言

水，滋养万物，润泽新生，是一切生命赖以生存的物质基础。我国作为一个人口大国，水资源使用量巨大，水体污染情况也日益严峻。近年来，各地的水污染事件频发，太湖、巢湖、滇池先后爆发蓝藻污染，江苏沭阳因上游水污染导致数十万人断水，安徽、甘肃、陕西、河南、内蒙古、河北等许多省（区）的若干市的江河湖泊受到重度污染，水污染问题随着环境污染的加剧而更加凸显。目前，我国许多大中城市已初步建立了城市污水处理系统，为逐步控制城市水污染提供了必要的硬件条件。

相对于城市水污染治理，农村水污染治理难度更大。改革开放以来，我国农村经济取得了长足发展，但随着农村经济的快速发展，许多环境问题日益凸显，农村生态环境令人担忧，特别是村镇环境“脏、乱、差”、饮用水源水质下降、畜禽养殖污染、农村面源污染，以及企业和城市污染向农村加速转移等问题突出。我国从“二五”、“三五”计划中就提出“建设社会主义新农村”的任务，随后在国家的不断发展中，“社会主义新农村”也被不断地赋予新时代的新要求，党的十八大以后国家也出台了建设社会主义生态文明的重要举措，农村更成为生态文明建设的主战场，农村的建设与发展已是时代发展过程中越来越受关注的热点。不同农村地区由于经济发展程度和居民长期积累生活习惯的影响，污染物排放管理不系统，多数农村生活与散养畜禽污水未经处理任意排放，不仅污染了地表水和地下水资源，还给农村居民的生活环境带来了极大的影响，存在较大的环境污染风险和环境管理风险，因此解决农村水环境问题势在必行。

面对日益严峻的农村环境污染，特别是农村生活污水和畜禽散养污染，本书依托国家水体污染控制与治理科技重大专项，以农村生活污水和农村散养畜禽污水为研究对象，在对农村生活污水和农村散养畜禽污水管控现状充分分析的基础上，运用资料收集、实地调查、专家调查、系统分析等技术手段，详细分析了我国农村生活源水污染的成因，从立法导向、污水处理技术与监督管理等方面深入探讨农村生活污水和畜禽散养污染风险管理的政策方法，构建了农村生活源水污染风险管理优化模式，以期为从事水环境、水生态及水资源保护工作的科技工作者和管理者提供参考和借鉴。

本书作为国家水体污染控制与治理科技重大专项“流域水环境风险评估与预警技术研究与应用示范”项目所属“流域水污染源风险管理技术研究”（2009ZX07528－001）课题的“流域水污染源非点源风险管理研究”子课题研究成果，是课题组集体智慧的结晶。本子课题主要参加单位为环境保护部华南环境科学研究所、中山大学、暨南大学。全书由张英民统稿，各章主要贡献人如下：

第 1 章　李开明、张英民、卢文洲、陈中颖

第 2 章　张英民、刘泳君、杨文超、朱家亮

第 3 章　陈晓宏、陈伯浩、陈栋为、叶海霞、房春艳、林岚

第 4 章　王炜、薛媛、张英民、卢文洲、姜国强

第 5 章　王国庆、彭海珍、张思伟、黎文倩

第 6 章　卢文洲、杨文超、陈晓宏、王国庆、张英民

第 7 章　张英民、陆俊卿、王国庆、陈晓宏、刘晓伟

第 8 章　李开明、卢文洲、张英民、陆俊卿

本书在撰写过程中得到了众多同行的大力支持，并参引了相关文献，对此表示衷心感谢！

由于作者水平有限，书中错误之处在所难免，敬请批评指正！

作　者

2016 年 3 月于广州

目 录

第 1 章 绪　论

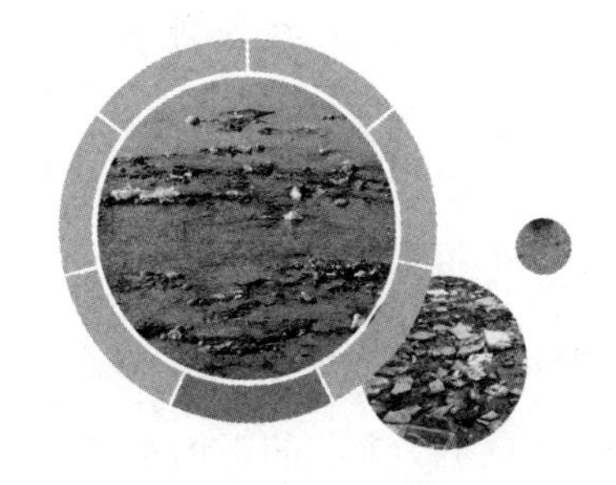

水，滋养万物，润泽新生，是一切生命赖以生存的物质基础，是地球上不可或缺的重要元素之一。地球表面约 70%的范围被水覆盖，水资源总量约为 13.86 亿立方千米。其中，97.5%是咸水资源；淡水资源只占 2.5%，总量不超过 3500 万立方千米。由于咸水所含盐分高，味道既咸又苦，不适宜直接供给人类使用，因此，淡水是人类日常生活生产的重要资源。

在淡水资源中，约 87%的淡水以地球两极、永冻积雪、高山冰川和深层地下水这些难以利用的形态存在，真正能被利用的 13%淡水资源为江河湖泊和地下水的一部分，仅占地球总水量的 0.3%。在当前世界人口递增、用水需求量不断扩大的形势下，水资源的有效保护和合理利用已成为各个国家重点关注的问题。

1.1 我国水资源与水污染治理概况

1.1.1 我国水资源的特点

1. 资源总量多，人均占有量少

世界各国与地区由于所处的地理环境不同，拥有的水资源总量差异性也较大。根据《中国水资源公报》的数据显示，近十年来（2004—2013 年，下文同）中国的平均水资源总量约 26603.2 亿立方米，年平均地表水资源量约为 25543.4 亿立方米，年平均地下水资源量为 7818.5 亿立方米。中国的水资源总量次于巴西、俄罗斯、加拿大、美国和印度尼西亚，位居世界第 6 位。但我国人口众多，人均水资源占有量仅为 2046.4 立方米，只达到美国平均水平的 20%，世界平均水平的 25%，世界排名在百名之后。依据国际公认标准规定，人均水资源低于 3000 立方米则被视为缺水国家，中国已被联合国列入 13 个贫水国家之一。

2. 空间分布不平衡，季节性差异大

我国领土面积为 960 万平方千米，从东经 72° 横跨至东经 135°，从北纬 4° 延伸至北纬 53°，从沿海地区到大陆内地，拥有多种不同的气候类型，降雨情况各地迥异，水资源也呈现出极大的地域性差异。2013 年，全国平均降水量为 661.9mm，从水资源分区看，松花江、辽河、海河、黄河、淮河、西北诸河 6 个水资源一级区（以下简称北方六区）平均降水量为 362.4mm；长江（含太湖）、东南诸河、珠江、西南诸河 4 个水资源一级区（以下简称南方四区）平均降水量为 1193.3mm。从行政分区看，东部 11 个省级行政区（以下简称东部地区）平均降水量为 1178.4mm；中

部 8 个省级行政区（以下简称中部地区）平均降水量为 913.7mm；西部 12 个省级行政区（以下简称西部地区）平均降水量为 517.8mm。全国水资源总量为 27957.9 亿立方米，北方六区水资源总量为 6508.0 亿立方米，占全国的 23.3%；南方四区水资源总量为 21449.9 亿立方米，占全国的 76.7%。东部地区水资源总量为 6130.3 亿立方米，占全国的 21.9%；中部地区水资源总量为 6748.3 亿立方米，占全国的 24.2%；西部地区水资源总量为 15079.3 亿立方米，占全国的 53.9%，但其主要以冰川形式存在，无法直接利用。图 1-1 为国家气候中心公布的 2013 年全国降水量距平百分率分布示意。

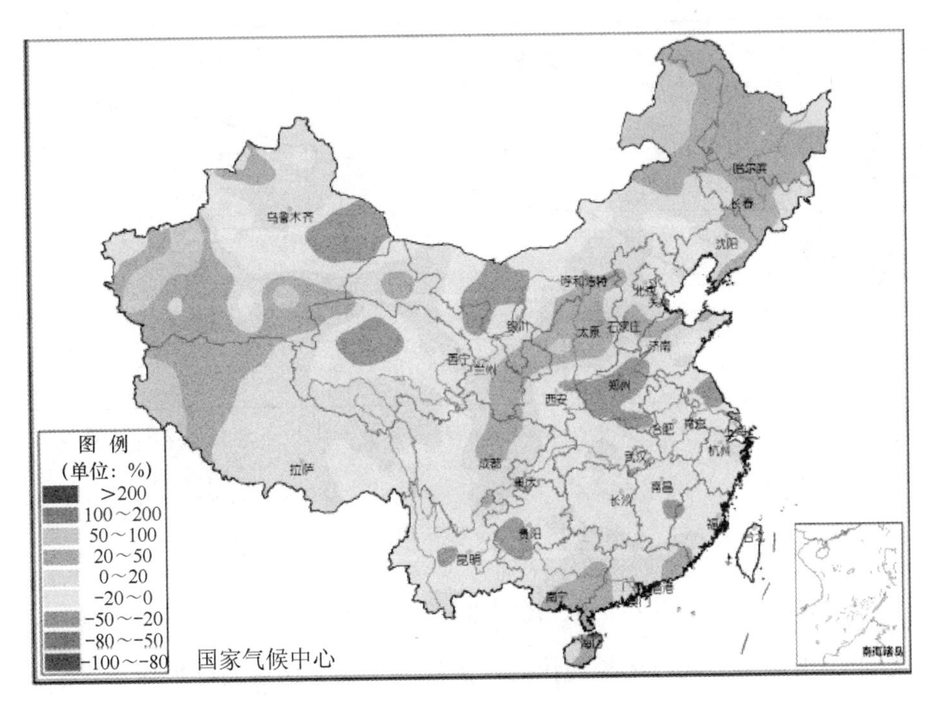

图 1-1　2013 年全国降水量距平百分率分布示意

从图 1-1 可以看出，全国降雨量明显呈现东多西少、南多北少的现象，总趋势是从东南沿海地区向西北内陆递减。因受季风气候的影响，东南部季风地带降水充足，内陆非季风地带则十分干旱。降水多集中在夏季，汛期 4 个月河水暴涨，占全年降水量的 60%～80%；冬季降雨量少，河流进入枯水期，有明显的季节性差异，且北方地区降雨季节性差异比南方地区明显。

3. 需求量大，利用率低

近十年，我国的用水需求量逐年递增，从 5548.0 亿立方米持续增加到 6183.4 亿立方米，平均每年增加 63.5 亿立方米的用水量。图 1-2 所示为近十年我国用水需求量。

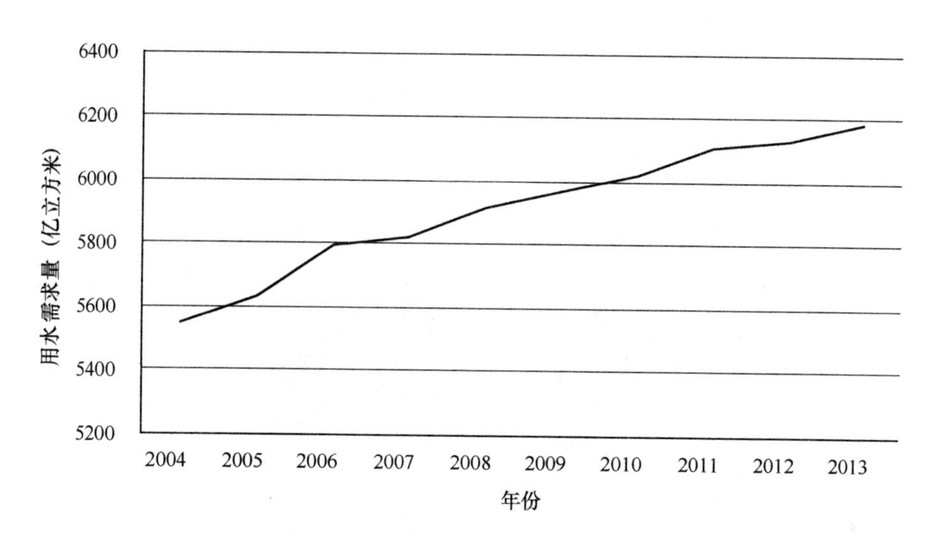

图 1-2　近十年我国用水需求量

水资源的利用主要分为三个方面：生活用水、工业用水和农业用水。近十年来，由于人口增长的控制，生活用水量变化不大，平均年用水量约为 725.4 亿立方米（见图 1-3），占总用水量的 12.3%；2004—2007 年，工业用水的年用水量从 1231.7 亿立方米直线增长至 1402.3 亿立方米，随后 2007—2013 年工业用水量趋于稳定，平均年用水量约为 1414.5 亿立方米（见图 1-4），占总用水量的 23.3%；而农业用水需求在近十年呈不断增长的趋势，从 3584.0 亿立方米增长到 3920.3 亿立方米（见图 1-5），占全国总用水量的 62.7%。可见，对于用水量的需求增长，主要体现在工业、农业发展方面，并且以农业用水为主。

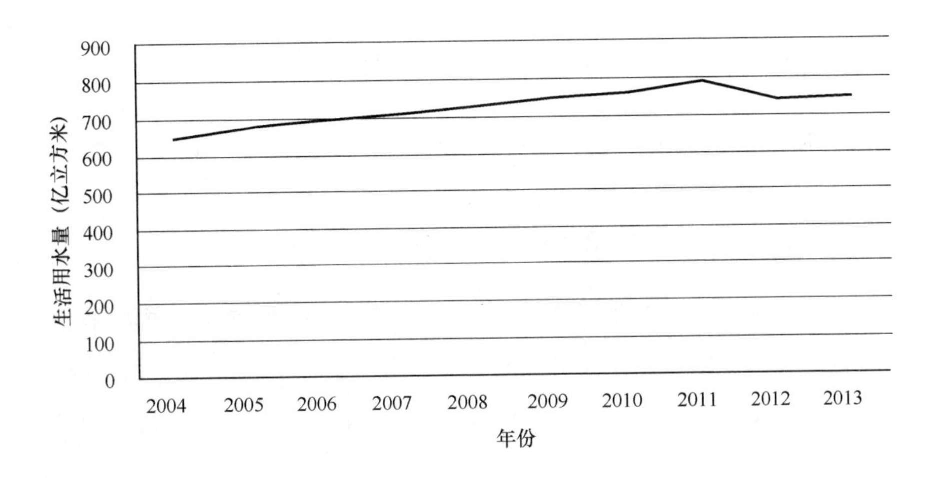

图 1-3　近十年生活用水量

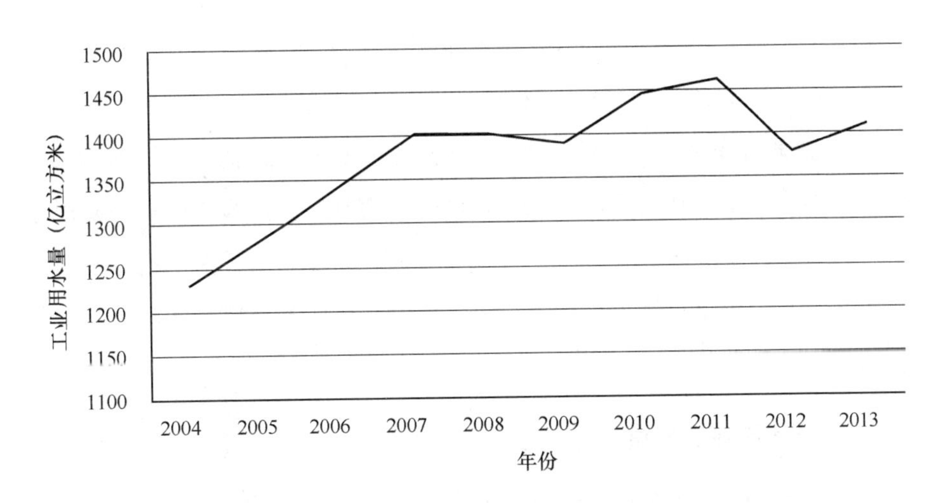

图 1-4　近十年工业用水量

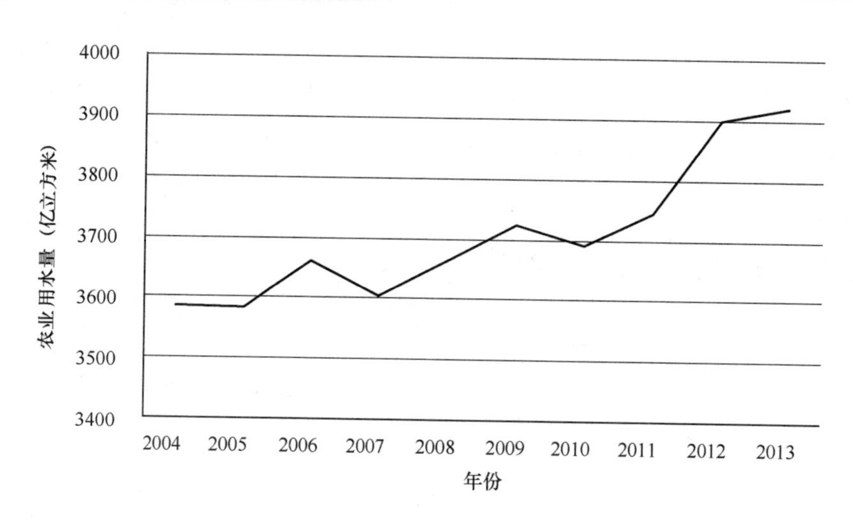

图 1-5 近十年农业用水量

因循环利用少，农业灌溉技术落后，我国水资源在农业方面的利用率极其低下。尽管国家已经提出“推进集约化现代农业发展”的方针，但国内大部分农民仍采用传统的粗放型方式进行耕作。灌溉多采用漫灌技术，这样不仅严重浪费了水资源，降低了水的利用率，而且容易引起土地盐碱化等问题。此外，南方地区因水资源充沛，居民节水观念不够强，对水资源开发和利用的意识不足，因而导致水利用率更低，例如，长江水资源利用率只有 16%，珠江为 15%，浙闽地区河流不足 4%，西南地区河流不足 1%。而在北方少水地区，地表水开发利用程度比较高，例如，海河流域水的利用率为 67%，辽河流域为 68%，淮河为 73%，黄河为 39%，内陆河达到 32%。对全国总体而言，我国水资源的利用率整体仍偏低，在水资源日益短缺、水需求量日渐增加的情况下，提高水资源利用率是缓解水资源危机的重要途径之一。

4. 水污染情况严重

根据《2013 年中国环境状况公报》，长江、黄河、珠江、松花江、淮河、海河、辽河、浙闽片河流、西北诸河和西南诸河十大流域的国控断面中，

I–III 类、IV–V 类和劣 V 类水质断面比例分别为 71.7%、19.3%和 9.0%，主要污染指标为化学需氧量、五日生化需氧量、高锰酸盐指数和氨氮。大部分流域主流水质良好，支流水质较差；个别流域污染情况严重。例如，海河干流水质为中度污染，主要支流呈现重度污染；黄河、辽河和珠江的主支流水质为中度污染，但个别河段处于重度污染状态。同样，乌江万木断面、徒骇马颊河水系也受到严重的污染。全国流域总体呈现地表水流域上游水质较好、中下游污染递增的放射性现象，且此现象在南方珠江三角洲、黄河长江三角洲及河流出海口等地区尤其突出。

此外，地下水水质安全问题也令人堪忧。2013 年，根据对 1229 眼水质监测井的监测，发现水质适用于各种用途的 I–II 类监测井占评价监测井总数的 2.4%；适合集中式生活饮用水水源及工农业用水的 III 类监测井占 20.5%；适合除饮用外其他用途的 IV–V 类监测井占 77.1%。

湖泊（水库）水体污染是近十年来的重大环境问题之一。我国湖泊（水质）总体水质情况如下：I–III 类 38 个，IV–V 类 50 个，劣 V 类 31 个，分别占评价湖泊总数的 31.9%、42.0%和 26.1%。湖泊主要污染项目是总磷、五日生化需氧量和氨氮，大部分湖泊都处于富营养化的状态，例如，对太湖而言，若总氮不参加评价，全湖总体水质为 IV 类，若总氮参评，全湖总体水质为 V 类，且该流域处于重度富营养化状态；对滇池而言，耗氧有机物及总磷、总氮污染均十分严重，水质属于劣 V 类，处于中度富营养化状态；对巢湖而言，总磷、总氮污染十分严重，西半湖污染程度重于东半湖，总体水质均为 V 类，湖区整体处于中度富营养化状态。

近年来，我国重大环境污染事件频频发生，其中水污染事故就占总数的一半以上。据监察部的统计分析，国内每年水污染事故都在 1700 起以上，近年来发生的事故有兰州市自来水厂苯超标事件、广西镉污染事件、山西苯胺泄漏事故、渤海蓬莱油田溢油事故、松花江水污染事件等。水体受到污染，一方面会导致严重的环境破坏，威胁生态平衡；另一方面会直接影响人类的健康与发展。这是一个不容忽视的问题，因此，水污染问题已经成为国家水资源管理利用和环境可持续发展的重点关注问题之一。

1.1.2 我国水污染现状与污水处理情况

我国水体污染主要来自两个方面，一是工业生产超标排放的工业废水，二是城镇生活污水因收集不当或未经处理直接排入水体造成环境污染。据统计，近十年，我国的工业废水排放量总体呈增长趋势（见图 1-6），大部分地区的污染已超过水环境的容量。2013 年，我国废水排放量达到 775 亿立方米，废水中主要污染物的化学需氧量排放总量为 2352.7 万吨，氨氮排放总量为 245.7 万吨。地表水总体为轻度污染，部分城市河段污染较重；海水环境状况总体较好，近岸海域水质一般。

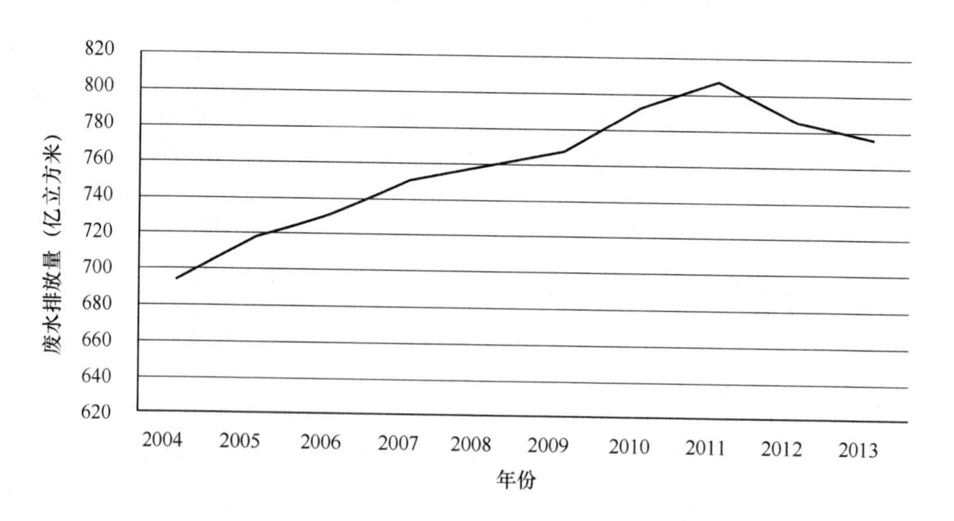

图 1-6　我国近十年废水排放量

1. 城镇污水处理情况及存在的问题

近几十年，我国的许多大中城市已基本建立了城市污水处理系统，为逐步控制城市水污染提供了必要的硬件条件。然而，污水处理厂流入污水量偏低且污水处理厂开工不足是一个长期令人困扰的问题，在全国范围内，该现象较为普遍。根据环境保护部发布的《2007年全国投运城镇污水处理设施清单》，截至2007年年底，已投产污水处理厂中，负荷率不足0.1的有8个，0.1～0.3的有90个，0.3～0.5的有228个，未达到运行负荷要求的污水处理厂占总数的50%左右。

经过不断的努力，我国污水处理率逐年提高，2013年全国城镇污水处理厂污水处理能力约为1.49亿立方米/日，运行负荷率为82.6%。但部分城市污水处理率仍偏低，全国还有百余个城市没有建成污水处理厂，更不用说那些没有污水处理设施的城镇和村庄。据资料调查显示，美国现在平均每1万人就拥有1座污水处理厂，英国和德国每7000～8000人拥有1座污水处理厂，而我国城镇人口中，平均每150万人才拥有1座污水处理厂。以上数据对比说明，我国生活污水处理设施建设远远落后于欧美等先进国家。

据我国住房和城乡建设部通报的全国污水处理情况，目前已建成的污水处理厂，除正在调试运行的外，尚有不能正常运行的，其原因主要如下：第一，对污水处理组织管理不力，致使有的污水处理厂已建成但仍未运行或运行不正常；第二，一些已建成污水处理厂的城市仍未开征污水处理费，或者收费标准和征缴率低，污水处理设施运行经费难以保障；第三，污水收集管网建设滞后，污水处理厂运行负荷率低，或进水浓度偏低；第四，地方配套资金不落实，影响污水处理厂调试运行。另外，还有部分城市污水处理厂设计规模偏大，过度超前，造成设施能力部分闲置，不能充分发挥效益。

2. 农村污水处理情况及存在的问题

1）农村生活污水

农村地区生活污水收集处理问题尤为突出，对于一些偏远落后的农村地区，污水甚至没有收集和处理，直接排放。过去，国家的环保工作重点一直放在大、中城市，而忽视了占全国总面积近90%的广大农村地区，从而致使农村环境问题日益恶化，而其中的水污染环境问题尤为突出，呈现出逐渐恶化趋势。由于农村地区的居民大多居住分散，对生活污水进行统一处理难度较大，村民将生活污水直接向四周排放、随处泼洒，水污染风险呈上升趋势。关于生活污水处理设施，以河北省为例，2010 年通过对全省 20 个自然行政村的调查发现：生活用水方面，除了与中心城市相邻的极少数村外，90%的村庄无集中处理生活用水的公共设施，35%的村庄还无法实现集中供水，这一突出问题，在全国其他农村地区也普遍存在。

目前，我国农业每年的化肥使用量已经超过 4000 万吨，而利用率却只有 30%～40%；农药年使用量达 120 万吨以上，其中，10%～20%附在植物体上，其余都散落在土壤和水中。全国农药、化肥和地膜的使用量有逐年大幅提高的趋势，这些都会对水体造成潜在的严重危害。另外，近年来畜禽养殖（包括分散养殖和规模化养殖）污染占比明显扩大。据环境保护部 2011 年在全国 23 个省市的调查，90%的规模化养殖场没有经过环境影响评价，60%的养殖场缺乏必要的污染防治措施。部分养殖场、孵化场直接将动物血、废水、牲畜粪便、蛋壳等倾倒入附近的水体，导致河道的水体变黑，富营养化严重。

因河流受到不同程度的污染，我国农村有近 7 亿人的饮用水中大肠杆菌超标，1.7 亿人的饮用水受到有机污染；而且，由于农药、化肥等化学物质的广泛使用，致使许多地方的地下水已经不适于饮用，严重影响了人民群众的身体健康，阻碍了农村经济的健康发展。如图1-7所示为典型地区农村生活污水随意排放情况。

图1-7 典型地区农村生活污水随意排放情况

农村污水治理受到地理条件、生活方式、经济发展程度等多方面因素的影响，一直是环境保护中的一道难题。加上中国长期以来的城乡二元结构，导致在污水处理方面城乡之间差别显著：在城市，污水不但有完善的收集、处理技术和设施，而且国家颁布了系统的法律法规和标准加以控制；而占全国总面积近90%的广大农村，96%的村庄没有排水渠道和污水处理系统。农村的生活污水不经处理，以点源和非点源形式排放，把各类污染物带入河流，严重污染各类水源，引发了包括蓝藻、水华等诸多生态环境问题。中国农村人口数量大，居民居住分散，造成农村生活污水量大且难于收集，并且由于经济发展水平不高，大部分农村地区没有采取任何生活污水的收集和处理措施，而如果直接套用城市污水的收集、处理与治理方式，会出现运营成本偏高，运行管理难度过大等情况。农村生活污水对农村地区居住环境、人群身体健康方面的威胁日益增大，成为威胁国家水环境安全的重要因素。

2）农村工业污水

当前，农村地区为了区域经济发展，积极开展招商引资活动，很多企业进驻农村。

农村地区的乡镇企业分布不均，产业结构散乱，技术水平低，多以劳动密集型和资源密集型为主，粗放式经营多，污染物排放管理混乱。由于乡镇地区地质地貌差异性较大，居民点、企业分布零散，所以，政府、村委无法全面地监控农村地区的环境保护问题，导致污染物排放管理缺失。因此，企业基本上是以一种“先污染，再治理”或者“无人监管则乱排”的心态经营企业。乡镇企业存在较严重的水环境污染问题，根据中国科学院生态环境研究中心的统计，我国建制镇的污水排放处理率仅为15.07%，而农村市集小镇的污水处理率更是仅为1.23%，相较于我国80%的城市污水处理率而言，我国乡镇污水处理基本处于起步阶段。许多企业污水、废水更是未经处理就直接排放入水体，污染水环境。另据统计，我国90%以上乡镇的水环境受到不同程度的污染，工业越发达的地区，周边乡镇的水域污染越为突出，尤其是接受城市里的工业产业转移至郊外的小乡镇。全国乡镇企业的废水排放量约30亿吨，COD排放的300万吨，乡镇企业的COD与固体废物等主要污染物已经占工业污染物排放量的50%以上。乡镇的大部分企业是造纸、印染和冶炼等高污染行业，耗水量大，水重复利用率低，企业生产产生的大量废水直接排放进入河沟等处，严重污染农村的水环境生态。另外，我国农村地区的环境执法监察能力建设还存在明显不足，人力、物力方面投入均十分有限，实为“心有余而力不足”。如图 1-8 所示为典型地区农村污水环境污染情况。

图 1-8 典型地区农村污水环境污染情况

另外，与城市相比，乡镇地区自身的经济实力差，在技术层面上无法达到都市水污染防治的高度，管理水平也相对偏低，监管力度较弱。仅有部分规模较大的企业会对企业废水进行一定的处理再排放，绝大部分企业的废水是直接排放进入水环境中的。

3）农业生产水污染

农业种植和农业生产为国家和人民提供食物和工业原料，既是国家粮食的重要支柱，也是国民经济发展和社会稳定的基础。在农、林、牧、渔产业结构中，农业所占的比重最大，尽管近几年来，种植业比重总体呈下降趋势，渔、牧业有较明显的增长，林业有一定增长，但粮食作物一直是占比重最大的部分。我国农产品产量很大，多种农产品的产量已位居世界榜首，但产品多内销，出口部分较少。

粮食的需求量大，农业用水的需求量也随之增大。根据资料的调查显示，我国的农业年用水从2004年的3584.0亿吨持续增长到2013年的3920.3亿吨。传统的漫灌技术不仅造成水资源浪费，也容易造成土地盐碱化，而且会大面积地把细小颗粒或可溶于水中的污染物带至地下水体或地表水中。近30年来，农民改变了以往在生产过程中用畜禽排泄物作肥料施肥的做法，开始大量采用化肥和农药。由于畜禽排泄物体积大、肥效慢、存储运输不便、使用麻烦，因此，曾一度被视为“资源”的畜禽粪便变成了废物，不仅无处可用，而且成为危害环境的污染源；相对而言，化肥的易储存、便携带、价格便宜，成为了农民的首选肥料，且为保证粮食的产量和质量，农民在种植过程中也会投入一定量的农药。化肥溶于水中并随着大量的灌溉流水输入水体时，会带来因氮、磷、钾过量引起的水体富营养化问题；农药进入水体，会引入有机氯、有机磷、有机砷等污染物，这些有毒污染物结构稳定、不易降解、毒性残留时间较长，对生态环境有着巨大的危害，如果人们饮用了受此类污染物污染的水，容易导致慢性中毒，还可能会致残、致畸、致癌，严重威胁农村人民的生存与发展。

1.1.3 我国水污染治理手段

面对水环境污染日益加剧的严重局面，政府不断加大投入，从颁布相关法律法规、标准规范来约束行业废水量和污染物排放，到不断更新污水处理工艺技术，再到完善污染源治理防治的系列管理制度，多方面举措一起发力整治水污染。水污染治理已经成为保护环境工作的重点之一，目前我国水污染治理的手段主要有以下几种。

1. 提倡节约用水

人口增长与生活水平提高所导致的水需求量剧增是污染物排放量增大的主要原因。我国每年排放废水中，化学需氧量污染物约占废水排放总量的 0.31‰，年均排放量约为 2400 万吨；氨氮污染物约占废水排放总量的 0.03‰，年均排放量约为 250 万吨。节约用水不仅是应对水资源短缺、用水情况日益紧张的根本性对策，而且是从数量上控制污染物排放的良好方法。

1979 年，国家颁布的《中华人民共和国环境保护法（试行）》率先在法律层面上对节约工业用水、农业用水和生活用水这三方面作了原则性的规定。节水立法的发展阶段是 1988 年《中华人民共和国水法》颁布后至 2002 年修订前，此阶段首次将节约用水及其奖励提高到了基本法律原则和制度的高度。其中，“各级人民政府应当推行节水灌溉方式和节水技术，对农业蓄水、输水工程采取必要的防渗漏措施，提高农业用水效率”、“工业用水应当采用先进技术、工艺和设备，增加循环用水次数，提高水的重复利用率”、“城市人民政府应当因地制宜采取有效措施，推广节水型生活用水器具，降低城市供水管网漏失率，提高生活用水效率；加强城市污水集中处理，鼓励使用再生水，提高污水再生利用率”等要求都是从节水用水方面提出的明确要求。为指导节水技术开发和推广应用，推动节水技术进步，提高用水效率和效益，国家发展与改革委员会、科学技术部会同水利部、住房和城乡建设部、农业部于 2005 年制定了《中国节水技术政策大纲》，规定以 2010 年前推行的节水技术、工艺和设备为主，相应考虑中、长期的节水技术。

“十一五”以来，我国城市化进入加速时期，城市生活用水量不断增加，年均增长达到 2.8%，在用水总量中所占比重不断提高，严格管理水资源，有效应对都市化挑战已经刻不容缓。“十一五”时期，我国加大了对节水器具推广普及的力度。全国节水办将节水器具推广作为工作重点，对北京、山西、辽宁、黑龙江、重庆、广东等11个省市实施了资金支持，推动各地更换落后的用水器具，引导居民选购节水器具。2011年中共中央一号文件明确指出，要坚决遏制用水浪费，尽快淘汰不符合节水标准的用水工艺、设备和产品。“十二五”期间，全国节约用水办公室在全国深入开展“节水器具推广行动”，继续加大节水器具推广力度，完善节水器具技术标准，尽快淘汰不符合节水标准的用水器具，力争通过五年的努力实现城镇节水器具普及率大幅提高。

在政策法规的指导下，“节约用水”这一观念潜移默化地融入人们的生产生活中，城镇生活用水、工业用水的年增长率确实有所下降。2004—2009年，城镇生活用水量平均每年以约3%的增长率递增；2010—2013年，城镇用水年平均需求增长率降至约0.2%。2004—2007年，工业用水平均每年以约4%的增长率递增；2008—2013年，工业用水年平均需求增长率降至约0.1%。另外，工业污染物排放情况也得到一定的控制，主要污染物有较明显的削减，从2011年全国年废水排放总量的807亿立方米降至2013年的775亿立方米。

进入“十三五”时期，非常规水源利用与管理进入公众视野，2015年11月27日，水利部综合事业局在北京召开第二届非常规水源管理与技术研讨会，主题是“非常规水源利用与海绵城市建设”。水利部高度重视非常规水源利用工作，将其作为缓解我国水资源短缺、保障国家水安全的战略措施予以积极推进。在政策制度上，已将再生水企业纳入资源综合利用范围免征增值税。当前正在组织制订《关于将非常规水源纳入水资源统一配置的指导意见》，为全面推进非常规水源纳入水资源统一配置提供政策依据。

在规划上，正在编制起草的水利“十三五”规划、节水型社会建设“十三五”规划中，均将非常规水源利用作为重要内容，明确具体目标任务。在技术标准方面，加大了非常规水源利用标准、规程编制力度，鼓励科研院所开展相关课题研究，部分再生水和海淡水制水工艺已达到国际先进水平。下阶段，将积极开展推进将非常规水源纳入水资源统一配置，逐步推动建立财政激励机制，切实应用水资源论证和取水许可等管理手段推动再生水利用，不断完善标准规程，推动技术创新与集成等工作。

2. 加大防治的投入

由于我国工业发展起步晚，技术落后，新中国成立初期为了快速提高全国整体的经济能力，实行的是粗放式发展，重蹈欧美“先污染，后治理”的老路，带来一系列的环境污染和影响可持续发展的各种污染问题。为此，“八五”期间，我国开始增加水污染防治的投入，对淮河、海河、辽河和太湖、巢湖、滇池（“三河”、“三湖”）等重点流域进行重点治理，并投资建成大量工业废水处理设施，使工业废水中的镉、氰、汞、铬、铜、铅等有毒有害污染物的排放减少了40%～60%，解决了20世纪70年代重金属污染为主的环境问题。“八五”期间，全国环境投入约1380亿元，约占同期国内生产总值（GDP）的0.73%；“九五”期间，全国环境投入4500亿元，约占同期GDP的0.93%，其中水污染防治投入1800亿元；“十五”期间，全国环境投入7000亿元，约占同期GDP的1.30%，其中水污染防治投入2700亿元；“十一五”期间，全国环境投入约13750亿元，约占同期GDP的1.35%，其中水污染防治投入6400亿元；“十二五”期间，全国环境投入超过50000亿元；而预计“十三五”期间，全国环保投入每年将达20000亿元。可见，我国在环境保护方面，不断加大投入比重，把环境保护作为政府工作的一个重点。

为实现我国经济社会的又好又快发展，调整经济结构，转变经济增长方式，缓解我国能源、资源和环境的瓶颈制约，根据《国家中长期科学和技术发展规划纲要（2006—2020年）》，我国设立了水体污染控制与治理科技重大专项（以下简称“水专项”）。水专项自2007年年底启动实施，目的在于为我国水体污染控制与治理提供强有力的科技支撑，为“十一五”期间主要污染物排放总量、化学需氧量减少10%的约束性指标的实现提供科技支撑。水专项从理论创新、体制创新、机制创新和集成创新出发，立足中国水污染控制和治理关键科技问题的解决与突破，重点突破工业污染源控制与治理、农业面源污染控制与治理、城市污水处理与资源化、水体水质净化与生态修复、饮用水安全保障，以及水环境监控预警与管理等水污染控制与治理等关键技术和共性技术。水专项精心设计，循序渐进，分三个阶段进行组织实施，第一阶段的目标主要是突破水体“控源减排”关键技术，第二阶段的目标主要是突破水体“减负修复”关键技术，第三阶段的目标主要是突破流域水环境“综合调控”成套关键技术。水专项是新中国成立以来投资最大的水污染治理科技项目，总经费概算超过300亿元。

在“十一五”国家重大科技成就展中，水专项第一行政责任人、环境保护部副部长吴晓青表示，“十一五”水专项主要在五个方面取得了积极成果，为我国重点流域水污染治理提供了坚实的科技支撑。

一是重点突破了“控源减排”关键技术，为主要污染物减排提供了支撑。其中包括突破了典型化工行业清洁生产、轻工行业废水达标排放、冶金重污染行业节水、纺织印染行业控源与减毒、制药行业高浓度有机物削减等关键技术214项，在70项大型工程中得到验证，有力地支撑了国家“十一五”化学需氧量（COD）减排任务的超额完成和重点流域的水质改善。在辽河、海河、松花江等重点流域开展示范，实现每年减排污水1.3亿吨，COD削减约1.1万吨。初步突破了畜禽养殖废弃物生态循环利用与农村农田面源污染控制等关键技术，在太湖、洱海等流域进行了示范，效果明显，为“十二五”水专项开展大规模面源污染控制研究奠定了基础。

二是突破了城市污水处理厂技术提升和深度脱氮除磷技术改造等关键技术，为城市水环境质量改善提供了支撑。形成了实现一级A稳定达标的厌氧—缺氧—好氧生物脱氮除磷工艺（A^2/O）、膜生物反应器（MBR）、序批式活性污泥法（SBR）系列工艺升级改造系统优化方案，在环太湖、环渤海等地区建立了20个示范工程，推广应用于500座城市污水处理厂的升级改造，规模近1500万吨/天，每年削减COD约16万吨、氨氮5.4万吨、总磷1.4万吨，为实现“十一五”我国城市污水处理厂COD削减450万吨的目标起到了积极作用。

三是突破了一批饮用水安全保障关键技术，为自来水厂达标改造和应对水污染突发事件提供了支撑，并研发了受污染原水净化处理、管网安全输配等40多项关键技术。

四是研发了一批关键设备和成套装备，有力地推动了环保产业发展。针对水环境监测、污泥处理处置、水处理等设备国产化率低等问题，重点研发了50项国家急需的产业化关键技术和设备，培育环保产业产值约40亿元。研发出10余种水质监测设备，并投入生产使用实现产业化，明显提升了我国监测仪器水平和国际竞争力。此外，还研发了“高效、多相变、污泥热干化”等关键技术和设备，干化污泥含水量由80%以上降至50%以下，干化焚烧成本降低60～70元/吨。

五是综合集成多项关键技术，为重点流域水环境质量改善奠定了基础。在重点流域研发并系统集成结构减排、工程减排和管理减排等关键技术，初步形成流域水污染治理与管理两大技术体系，为重点流域主要污染物减排和水体污染趋势得到控制提供了技术支持，使重点流域的水质得以改善。

“十二五”以来，水专项在“十一五”研究的基础上，坚持“减负修复”阶段目标，在太湖、辽河、海河等重点流域开展技术攻关和示范，截至目前，研发了近400项关键技术，建设了300余项科技示范工程，申请专利近1000项，形成标准、规范或技术指南70余项，建成产学研开发平台和基地221个，成立了8个产业技术创新战略联盟，直接支撑了《水污染防治行动计划》的制定和实施，为国家和地方水环境管理能力提升、流域示范区水质改善和重点地区饮用水安全保障提供了有力科技支撑。主要产出和实施成效如下。

一是突破了钢铁、石化、造纸、精细化工等典型行业全过程污染控制关键技术，推动行业减排、清洁生产和产业升级改造，通过在辽河、淮河、松花江等重点流域开展示范，有力地支撑了主要污染物减排任务的完成。

二是突破了一批城市低影响开发、生活污水、污泥处理和资源化利用、城市内河污染控制关键技术，有效支撑海绵城市创建和城市生活污染治理。

三是突破了种养一体化农业废弃物循环利用、养殖业废弃物的源头减排和资源化利用、分散式农村生活污水处理等关键技术，形成了“减量—阻断—拦截—回用”（4R）四位一体的区域种植业污染物联控模式，首创了分散式污水处理“远程监控、流动4S站、无人值守”的运维管理模式。

四是以水生态系统健康为导向，进一步深化湖滨缓冲带生态修复、入湖河流污染负荷削减、单种生物河流健康评估、近自然型湿地生态修复等一批生态修复关键技术，为恢复水生态系统健康提供支撑。

五是以水质目标管理为核心，突破了流域水生态功能四级分区、控制单元容量总量控制、基于水质的排污许可限值核定、水生态功能分区、水生态监测评价等关键技术，开展排污权交易、跨界生态补偿及排污许可证管理等政策示范，建设了一批适用于我国的监控预警业务和运行平台，构建了流域水质目标管理体系，引领水环境管理由污染物总量控制向水质目标管理转型。

六是突破了新型污染物、重金属等强化去除技术，深化了管网安全输配技术、基于风险评价的水质管理技术，集成具有流域特色的太湖“从源头到龙头”饮用水安全保障技术体系，为苏州、无锡、宜兴等示范区340万服务人口龙头水质全面达标提供了技术支撑；构建南水北调受水区城市供水安全保障技术体系，有效避免了水源切换供水管网“黄水”发生，为示范城市饮用水安全提供技术保障。

七是研发了臭氧发生器、超滤膜组件、磁性树脂等一批污水处理与再生回用关键设备和成套装备，成立了8家战略性环保产业联盟，构建了“技术研发—成果孵化—成果推广—产业创新联盟”全链条的水污染防治专项技术成果推广与产业化的创新机制，部分设备填补了国内空白，国产设备的市场占有率大大提高，培育环保产业产值近80亿元，带动节能环保战略性新兴产业加快发展。

八是逐步形成了国家重点实验室、工程中心—流域地方重点实验室和工程中心—流域野外观测台站—企业试验基地平台等为一体的水专项创新平台与基地系统，逐步构建了以科研为龙头、以野外观测为手段、以综合管理为最终目标的公共共享平台。

九是培养了一大批科技攻关团队和领军人才。水专项采用地方推荐、部门筛选、公开择优等多种方式遴选出近300个水专项科技攻关团队，引进多名海外高层次人才，培养上百名学科带头人、中青年科技骨干和5000多名博士、硕士，建立人才凝聚、使用、培养的良性机制，形成大联合、大攻关、大创新的良好格局。

“十三五”是水专项的收官阶段。水专项要继续加强重点环境领域的科学研究和技术攻关，全面提升科技支撑水平，并“聚焦瘦身”，将“十三五”重点聚焦在京津冀区域和太湖流域。

针对农村生活污水治理项目，项目小而分散，而且大多是地下隐蔽工程，污水治理难度大，所需成本高，技术经验不够完善。2010 年 7 月，浙江省宁波市与世界银行签订了合作协议，由世界银行贷款 2000 万美元，实施新农村发展项目子项目——农村生活污水处理项目，宁波市财政给各县（市）区配套 2000 万美元，开展农村生活污水规模化治理。2015 年年底前完成约 150 个村的生活污水处理项目。这是世界银行在中国进行新农村发展的第一个项目。截至 2014 年 7 月，已累计实施五批次共 147 个村，完成污水治理村 56 个，完成接户数 1.7 万户，2014 年年底完成 99 个村、3.4 万户农家的污水接入，项目进展顺利。计划三年内农村生活污水新建村 1500 个左右，总投入预计将超过 70 亿元。

2013 年，中央农村环保专项资金投入规模达到 60 亿元，选择江苏、宁夏两省（区）作为试点省份，启动了全省覆盖拉网式农村环境综合整治试点工作。开展全国重点镇增补调整工作，确定一批重点发展的建制镇列入全国重点镇，将 908 个重点流域重点镇 18258 千米污水处理设施配套管网建设项目纳入“十二五”期间中央财政支持范围。全国农业面源污染监测网络基本形成，农田面源监测国控点 270 个，农田地膜残留国控监测点 210 个。在新疆、甘肃、河北、吉林等 10 个省（区）的 80 个县开展以地膜回收利用为主要内容的农业清洁生产示范，累计建成 1600 多个农村清洁工程示范村。在全国 700 个县的 14000 个监测点开展农村污水、垃圾、粪便无害化处理、土壤卫生、病媒生物防治等农村环境卫生监测。

3. 规范管理制度

为了让水污染防治和环境保护行动有章可循、有法可依，政府颁布了一系列污染防治技术政策，以保证水污染防治和环境保护在现行法治手段下顺利进行，这些政策具体如下。

1）工业行业污染防治技术政策

工业行业污染防治技术政策包括《草浆造纸工业废水污染防治技术政策》、《城市污水处理及污染防治技术政策》、《印染行业废水污染防治技术政策》、《湖库富营养化防治技术政策》、《制革、毛皮工业污染防治技术政策》、《农村生活污染防治技术政策》、《制药工业污染防治技术政策》、《水泥工业污染防治技术政策》、《钢铁工业污染防治技术政策》等。

2）技术规范

在国家政策指导下，中华人民共和国环境保护部（简称环保部）严格制定了相关技术规范，在生态环境保护方面，有《畜禽养殖业污染防治技术规范》、《自然保护区管护基础设施建设技术规范》、《生态环境状况评价技术规范（试行）》、《农药使用环境安全技术导则》、《农业固体废物污染控制技术导则》等。

3）质量标准

在水环境保护方面，环保部制定了一系列的水环境质量标准、水污染物排放标准、水检测规范及方法标准等。其中，水环境质量标准包括《地表水环境质量标准》、《污水综合排放标准》、《海水水质标准》、《地下水质量标准》、《农田灌溉水质标准》和《渔业水质标准》等；水污染物排放标准有《肉类加工工业水污染物排放标准》、《污水综合排放标准》、《畜禽养殖业污染物排放标准》、《污水海洋处置工程污染控制标准》、《城镇污水处理厂污染物排放标准》、《医疗机构水污染物排放标准》、《化学合成类制药工业水污染物排放标准》、《合成革与人造革工业污染物排放标准》、《炼焦化学工业污染物排放标准》、《钢铁工业水污染物排放标准》、《制革及毛皮加工工业水污染物排放标准》等。从国家的政策指导到法律法规的制定与颁布，我国在不断完善环境保护与防治的法律系统，希望在政治层面上更全面地覆盖、更细化地规范、更深入地治理水污染问题。

我国在近十年来的环境保护实施行动中，努力与收获是有目共睹的。尽管国家已经大力治理环境污染问题，但是防治的程度还未能超越污染的速度，在“边污染，边治理”的形势下，我国的水环境污染问题仍不容乐观。如果水污染问题得不到每个企业、每个人的重视，仅仅依靠国家政府的财力、人力进行治理和补救，力量还是比较单薄，涉及的范围仍是相对片面的。因此，减少污染，保护生态环境，保护水体环境，是每个公民义不容辞的职责。

1.2 国内外农村污水治理概况

1.2.1 国外农村污水治理概况

1. 澳大利亚 FILTER 污水处理系统

对于农牧业在国民经济中占重要地位的澳大利亚来说，水资源条件并不优越，但澳大利亚在充分利用自然资源、克服不利的自然条件、制定政策、提高水的利用效率、加强水资源管理方面，给我们提供了有益的启示。

澳大利亚的水行政管理分为 3 级，即联邦、州和地方。联邦政府水资源理事会是全国的水资源咨询机构，也是国家管理地表水和地下水的主要机构，负责组织和协调全国范围的水资源研究和规划。理事会由联邦、州和地方部长们组成，由联邦政府开发部长任主席。理事会下有若干专业委员会，委员会由下属各水管理局及相关地方政府的人员组成。联邦政府主要提供水资源信息和管理的政策指导，并通过流域机构对其流域内各州的水资源开发利用进行协调。州政府的水土部代表州政府实施水资源管理、开发建设和供水分配，并根据联邦政府确定的各州水资源分配额，对州内用户按一定年限发放取水许可证，同时收取费用。地方政府是执行机构，主要执行州政府颁布的水法律、法规，地方水务部门具体负责供水、排水及水环境保护。各级政府分工明确，对水资源进行分级管理，取得了较好的成效。

澳大利亚各州都有水资源委员会，州水资源委员会对各州的水资源管理具有自主权，负责水资源的评价、规划、监督和开发利用，实施州内所有与水有关的工程，如供水、灌溉、防洪、排水、河道整治等。

各州的水质管理由水管理机构、环保机构和卫生部门共同负责。水管理局有很大的自主决定权，可以决定取消各种不利于水质保护的活动或控制废水排放。澳大利亚在控制污染、保护水质方面采取的是监测与治理相结合的方式。

在农村污水处理方面，澳大利亚科学和工业研究组织（CSIRO）的专家于过去十几年提出了一种“FILTER”处理技术，该技术是将过滤、土地处理与暗管排水相结合的污水再利用系统，具有高效、持续性污水灌溉等特点。FILTER 处理技术的目的主要是，利用污水进行作物灌溉，通过灌溉土地处理后，再用地下暗管将其汇集和排出。该系统一方面可以满足作物对水分和养分的要求；另一方面可以降低污水中的氮、磷等元素的含量，使之达到污水排放标准。该系统的特点是过滤后的污水都汇集到地下暗管排水系统中，并设有水泵，可以控制排水暗管以上的地下水位、处理后污水的排出量等，如图 1-9 所示。

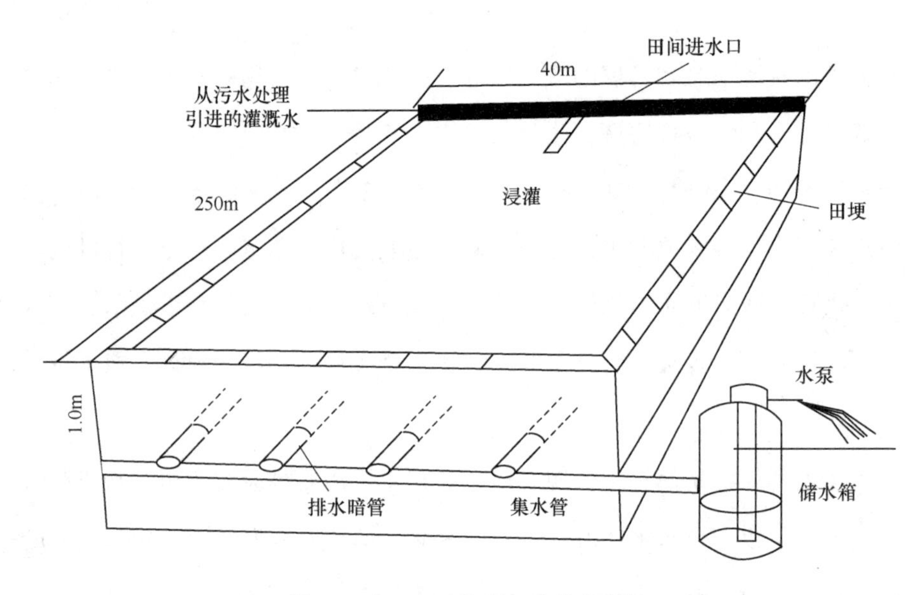

图 1-9 FILTER 处理工艺技术框架

澳大利亚 CSIRO 与中国水利水电科学院、天津市水利科学研究所合作，曾在天津市武区县建立试验区，试验总面积 20m^2，暗管埋深 1.2m，两种处理的暗管间距为 5m 和 10m，引取北京市初级处理后的污水和沿程汇集的乡镇生活污水灌溉小麦。试验表明，97%～99%的磷通过土壤及作物的吸收而被除去，总氮的去除率达 82%～86%，生物耗氧量的去除率为 93%，化学耗氧量的去除率为 75%～86%。排水暗管的间距越小，去污效率越高。

FILTER 系统对生活污水的处理效果好，运行费用低，特别适用于土地资源丰富、可以轮作休耕的地区，或是以种植牧草为主的地区。该系统实质上是以土地处理系统为基础，结合污水灌溉农作物。暗管排水系统在我国多用于改良盐碱地和农田渍害，一般造价较高，若用于处理生活污水还需要修建控制排水量的泵站，造价更高，推广应用有一定的困难。

2. 日本农村生活污水处理系统

日本对环境保护问题十分重视，在法律上规定，要严格保持河流、湖泊和海域的优良水质，因此，把污水处理工作放在十分重要的位置，并具有很高的污水处理能力。根据不同的治理方法，日本分别制定了《下水道法》和《净化槽法》，对不同类型的排污设施的管理范围和责任权属进行了规定。农村生活污水主要通过家庭净化槽、村落排水设施和集体宿舍处理设施三种模式得到治理，前两种模式以《净化槽法》为依据。根据有关法律法规，主要负责农村污水治理的是市、町、村政府，它们是受法律法规监督的责任主体。省（相当于我国的部委）负责制定法律法规和治理计划。都、道、县、府（相当于我国的省级政府）主要负责审批。“县（市）级的行政机关及其指定的机构，对污水治理设施的申请设立、变更、废除具有审批权，并通过指定的机构对建设与运行的质量进行监管。”

日本已发展了较完善的污水治理行业，而且分工细致、管理规范。相关的行业机构有建设安装公司、设备公司、维护运行公司、污泥清扫公司，以及专业的技术研发部门和专业技术人员。公司和人员都必须取得资格证书才能从事污水治理工作。

日本农村污水处理协会主要负责日本乡镇污水处理的技术发展工作，研究了一系列适合农村城镇中应用的污水处理设备；设计出 JARUS 模式的 15 种不同型号的污水处理装置，主要采用物理、化学与生物技术相结合的处理过程，处理效果很好。这 15 种不同型号的处理装置可分为两大类：一类是采用生物膜法，污水通过上面附有微生物的塑料滤层，经微生物处理后可使污水中的生化耗氧量（BOD）下降到 20mg/L 以下，悬浮固体物（SS）下降到 50mg/L 以下，总氮（TN）含量下降到 20mg/L 以下；另一类是采用浮游生物法，通过漂浮在污水中的微生物氧化作用，使 BOD 下降到 10～20mg/L，SS 下降到 15～50mg/L，COD 下降到 15mg/L 以下，TN 下降到 10～15mg/L 以下，TP 下降到 1～3mg/L 以下。如图 1-10 所示为 JARUS-Ⅲ型污水处理系统流程。

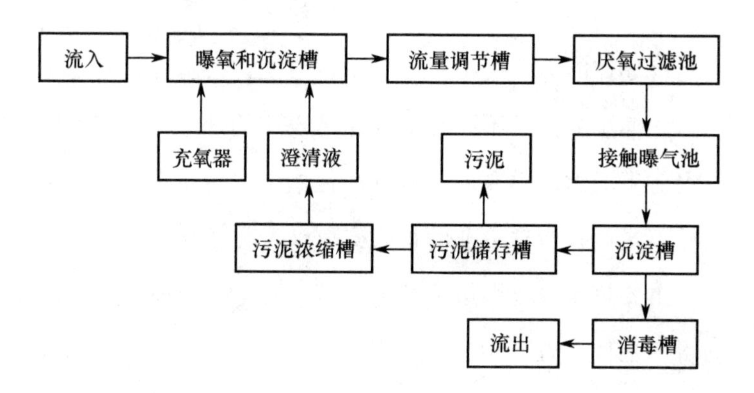

图 1-10　JARUS-Ⅲ型污水处理系统流程

日本从 1977 年实行农村污水处理计划以来，至 1996 年年底已建成约 2000 座小型污水处理厂。日本农村污水处理协会设计、推广的污水处理装置体积小、成本低、操作运行简单，十分适用于农村。一般每 1000 人的农村地区可建立一个污水处理厂，最大的厂可处理 10000 人左右的污水。处理后的污水水质稳定，大多用于灌溉水稻或果园，或将其排入灌排渠道，稀释后再灌溉农作物。污水中分离出来的污泥经脱水、浓缩和改良后，运至农田作为肥料。

日本石井勋教授发明的“石井法”，是利用使用过的乳酸饮料瓶作曝气池填料。滤料表面积越大，生物膜数量越多，但滤料之间的空隙太小，影响通风和水流。因此，理想的滤料是表面积和空隙率都比较大。近些年来对滤料的研究有很大发展，如利用各种塑料和化学纤维制成的纤维球和蜂窝式滤料等，使每立方米滤料的表面积大大增加，空隙率提高到 93%～95%。例如，日本尤尼奇卡公司用聚酯纤维制成的纤维球滤料的密度为 1.38g/cm^3，充填密度为 50kg/m^3，空隙率达 96 %，比表面积达 3000m^2/m^3；滤速高，水头损失小，经反冲洗后，滤料可以反复使用。国外对生物膜的理论研究和实际应用已有几十年的历史。生物膜法所需要的设备简单，能源消耗低，成本和维护费用低，而处理污水的效率高，它是今后发展的一个方向。

3. 韩国的湿地污水处理系统

韩国农村污水处理设施建设分改建和新建两类，政府对全国的污水治理项目进行统筹安排，按照计划和环保的要求对项目建设的时序实行了优先次序的排列，分步推进污水治理。同时结合新村运动，从致力于建设和完善民间组织为重点，大力发挥民间组织参与的积极性，实现“自上而下”与“自下而上”相结合。

韩国的农业用水是最大用水户，占总用水量的 53%。韩国农村的居民分散居住，兴建集中处理的污水系统造价太高，小型和简易的污水处理系统适合在农村应用。因此，韩国研究了一种湿地污水处理系统，使污水中的污染物质经湿地过滤后或被土壤吸收，或被微生物转变成无害物。这种方法需要的能源少，维护的成本低。

韩国国立首尔大学农业工程系对湿地污水处理系统在田间进行了试验。容器长 8m、宽 2m、高 0.9m，用混凝土制成。容器内填沙并种植芦苇，未经处理的生活污水从一端引入，又从另一端卵石层中排出。生活污水是从一个学校收集而来的，其年平均水质指标为：pH 值为 7.85，溶解氧（DO）为 0.23mg/L，生化需氧量（BOD）为 24.35mg/L，悬浮固体物（SS）为 52.36mg/L，总氮量浓度（TN）为 121.13mg/ L，总磷量浓度（TP）为 24.23mg/L。经过湿地系统处理后的污水可用于灌溉水稻。如图 1-11 所示为韩国湿地污水处理系统示意。

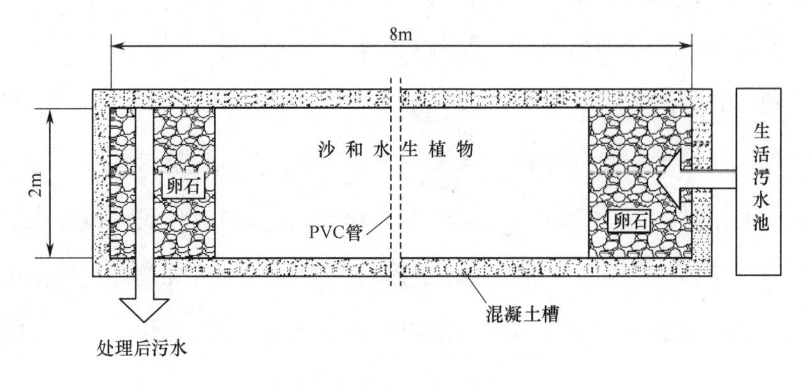

图 1-11 韩国湿地污水处理系统示意

污水灌溉水稻试验是在用聚氯乙烯板制成的盆内进行的。盆宽 90cm、长 110cm、高 70cm，表面积为 1.0m^2，底部铺一层 10cm 厚的卵石，卵石上盖过滤布，然后用水稻土填满。在盆底安装排水管，控制渗漏水；盆外为用混凝土做成的大坑，坑与盆之间填满土壤，以便消除温度对作物生长和微气候的影响。试验设计了四种污水处理方式，处理后的污水分别按污水浓度、施肥和不施肥等，与常规处理（用自来水灌溉并施肥）进行对比。试验对水稻的生长过程（稻株高度、分蘖数目、叶面积、叶面积指数、总干物质等）进行了详细观测和分析，主要结论为：①利用处理过的污水灌溉，对水稻的生长和产量无负面影响；②利用处理过的污水灌溉，并加施肥料，水稻产量达 5730.38kg/hm^2，比常规对比田高约 10%。

韩国试验研究的湿地污水处理系统，实质上也是一种土地—植物系统，至今已广泛用于欧洲、北美、澳大利亚和新西兰等区域。湿地上多种植芦苇、香蒲和灯芯草等，对病原体的去除效果好。但其缺点是需要大量土地，并要解决土壤和水中的充分供氧问题，以及易受气温和植物生长季节的影响等。一般来说，利用湿地处理后的污水灌溉水稻，可取得更好的净化效果。

4. 美国高效藻类塘

在农村污水处理设施供给关系中，美国实行的是政府主导的供给制度，以州和地方政府为主，联邦、州、地方政府的职责通过法律的形式确定。美国国家环保局根据《水治理法案》给予框架性指导。根据地区对环境敏感程度的不同，提出五种不同程度的管理模式，由农户或有资质的主体承担管理责任。一方面可以保证污水处理设施对敏感程度高的环境的适应性，达到水质处理要求；另一方面明确管理主体和所有权。同时，美国环境保护局还通过制订一些计划、项目来促进农村污水处理设施建设。

州政府制定法律规章，由当地驻县的州办公室执行。县政府负责分散型系统管理工作，制定管理规定，或为技术、资金、管理提供资助。镇、市、村政府主要是执行法律法规和管理计划、项目等。

在资金方面，主要有两种形式。①设立基金，贷款给农村污水治理有关的项目。基金是州政府依据美国《水治理法案》设立的，80%的资金由联邦政府提供，其余20%由州政府提供。②联邦政府的有关部门，如环保、农业、房屋和城市发展等，以及州政府，通过贴息、减免税收、设立污水治理管理计划专项资金等方式给予资金支持。

政府与实施管理的主体分开，管理主体可多样化，农户、专业公司、政府部门都可以承担管理工作。资金主要还是由政府资助，管理主体以低息或免息还款及减免税收的方式偿还政府贷款。

美国的民间非营利组织、私人营利组织都可以参与农村污水治理，并且是保证分散式系统有效实施的组成部门。这些第三方组织主要参与规划、设计、评估、咨询、培训及管理工作，受州有关部门监督。

高效藻类塘是美国加州大学伯克利分校的Oswald提出并发展的。相较于传统的稳定塘，它的主要特征主要表现在以下四个方面：①塘的深度比较浅；②有一个垂直于塘内廊道的连续搅拌装置；③停留时间比较短，一般小于12天；④宽度比较窄。高效藻类塘中的连续搅拌装置可以促进污水的完全混合、调节塘内氧和二氧化碳的浓度、平衡池内水温，以及促进氨氮的吹脱作用。这些特征使得高效藻类塘内形成有利于藻类和细菌成长繁殖的环境，强化藻类和细菌之间的互相作用，所以，高效藻类塘内有比一般稳定塘更加丰富的生物相，从而对有机物、氨氮和磷有更良好的去除效果。如图1-12所示为高效藻类塘工艺流程。

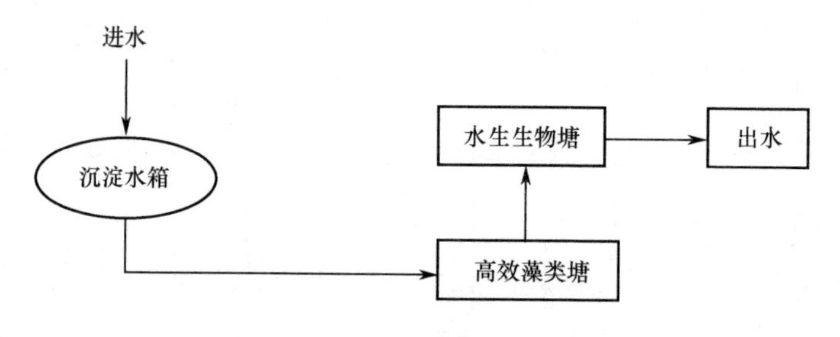

图 1-12　高效藻类塘工艺流程

1.2.2　我国农村污水处理现状及重要性

近年来，随着农村经济条件的改善，人民的生活条件越来越好。虽然农村地区住户的生活方式大致相同，但是地区不同，产生的污水的成分也有所不同。总体来看，农村污水呈现出成分复杂、水量变化大、水质差异性大、可生化性好、毒性低等特点。对于农村污水的处理，早期由于各地农村经济差异大及处理技术等原因，污水处理率偏低。农村地区主要采取直排的方式直接排入当地河流等，日积月累，也就导致了如今农村严峻的环境问题。

我国从“二五”、“三五”计划就提出“建设社会主义新农村”的任务，随后在国家的前进发展中，“社会主义新农村”被不断地赋予新时代的新要求，农村的建设与发展已是时代当下的关注热点。“建设社会主义新农村”是指，在社会主义制度下，按照新时代的要求，在农村开展经济、政治、文化和社会等方面的建设，最终实现把农村建设成为经济繁荣、设施完善、环境优美、文明和谐的社会主义新农村的目标。具体包括：第一，发展经济、增加收入；第二，建设村镇、改善环境，包括住房改造、安全用水、污染治理、道路整治、村镇绿化等；第三，扩大公益、促进和谐；第四，培育农民、提高素质。农村环境是影响农村生活条件的外在因素，是直接关系农村发展的客观条件，环境保护与整治是建设社会主义新农村的重要工作之一。

在我国长期的城乡二元结构下，城市和农村的生活方式、经济发展和社会形态等均有着较大的差别。国家投入了大量资金在城市和工业发展规划上，因此，城市拥有相对完善的环境污染防治的管理体系，从污水和固体废弃物的收集到处理至排放，都有较成型的系统。但农村地区在这方面的建设却长期受到忽视，主要原因如下：一是农村地区地域较宽广，人口密度小，工业化程度低，环境容量相对较富余，有着强大的自净能力，一度被认为环境污染可以在自然条件下被接纳和消化，所以，环境治理问题一直被忽视；二是农村经济发展相对落后，在还未达到衣食住房宽裕的程度时，很难鼓动村民积极参与到环境污染防治行动中来。

可事实上，随着人口的增长、资源的缺乏、经济社会的发展和城市化的推进，城市带起的线下乡镇也随之发展起来，环境污染问题日趋严重，许多产业已经开始逐步转移至城市郊区或者农村地带。一方面是为了充分利用农村地区丰富的土地等低成本自然资源；另一方面是由于农村在环境污染防治管理上有较大空白，企业可以逃避一定的环保责任。在长期的政策导向下，认为农村地区环境容量大、需求层次低、环境要求低的观念导致农村的环境污染问题得不到重视，从而在农村的自然环境容量已超负荷的事实面前，人们依然无节制地破坏其生态环境。这样的行为，直接带来的是固体废物和水体的污染，这不仅给农民的身心健康造成损害，而且会影响新农村建设的步伐，导致如下一系列的问题。

（1）影响资源的可持续发展。农村地区主要以农业、农副业带动经济，承担国家人民的粮食需求。水土受到污染会导致自然资产转化的财富贬值，具体表现在粮食减产、庄稼致畸、禽畜染病、土地盐碱化等，增大了农业的生产成本和后续发展的负担。这不仅会引发粮食供应短缺的危机，而且影响可持续发展。

（2）增大城乡差距，加剧社会不和谐因素。在二元经济下，农村人民长期作为弱势群体，本身已经处于基础设备差、技术发展程度低的生活水平。随着社会经济发展，人们提高了生活和环境质量的要求，希望可以有舒适便利的生活环境。如果农村生态环境不断恶化，并且得不到政策指导和国家帮助，村民极易因为城乡公共福利的巨大差异产生不良情绪或者人口迁移。这不仅无法缩小城乡差距，而且会加剧社会不和谐的因素。

近几年来，农村的水污染问题引发了许多“癌症村”案例。例如，陕西省商洛市商州区贺嘴头村位于南秦河与丹江交汇的三角地，村里的村民自家打的井约 6m 深，自家井里打出来的水，水质混浊，连牲口都不愿意喝，最严重的时候，田地里的庄稼都成活不了，用水灌溉种菜后，植物庄稼都种不成，不仅无法生长，而且连根也腐烂。河南省沈丘县周营乡黄孟营村坐落在淮河最大的支流沙颍河畔，水质监测表明，沙颍河水质为劣Ⅴ类水，已经没有任何利用价值，既不能用于工业，也不能用于农业灌溉，更不能作为公共饮用水的水源。但村民的饮用水只能取自沙颍河，由于饮用了严重污染的河水，村民被诱发出种种疾病：80%的青壮年常年患肠炎；大多数育龄夫妇丧失生育能力，人口出现负增长；畸形儿、痴呆儿屡见不鲜。浙江绍兴县的纺织企业 9000 余家，印染产能约占全国印染产能的 30%，许多纺织印染废水偷排进入水体中，河流已经被染为血红色，河中的鱼类全部死亡，附近的村民因水污染也患上各种癌症。

全国肿瘤登记中心相关负责人曾说：“目前我国还没有关于水污染引起癌症的具体数据，但有一点是明确的，水污染跟癌症发病率脱不了干系，人体长期饮用被污染的水，积累到一定程度，会引发全身各种癌症。”在污染水中，一些化学物质（如苯）就是强致癌物，长期摄入会引起白血病、淋巴瘤、皮肤癌；而被污染的水中含有的重金属，如砷、铅、镉、锰等，也可能导致癌症。流域水体的水质好坏直接影响着人民的身心健康，工业企业引发的水污染为乡镇人民带来了巨大的生活威胁，但根据调查显示，如今的生活污水的污染负荷已经开始超过工业废水的污染负荷，这表明，生活污水的污染更大于工业企业废水带来的危害，而通过前面的叙述也可得知，缺乏治理与监管的农村地区，生活污水污染问题更是难中之难、重中之重，农村的生活污水处理已是当下水污染治理的重要工作之一。

农村生活污水以往都是作为农田肥料来使用的，生活污水中的有机物在农田中被农作物吸收，转化为农作物的营养物质，很少流失到水体中去，因此，生活污水对环境影响不大。但随着我国经济社会的快速发展，农民经济收入的不断提高，农民的生活方式也发生了巨大的变化，随着自来水的普及，卫生洁具、洗衣机、沐浴设施等走进平常百姓家，农村的人均日用水量和生活污水排放量激增，产生了大量生活污水。这么一来，生活污水的肥效大大降低，又因卫生要求，很难用作农肥。再加上化肥的大量使用，减少了传统的农家肥料的使用，导致农村生活污水失去了消化途径，使得近年来农村生活污水的排放成为农村环境的重要污染源，造成农村河道水体变黑发臭、鱼虾绝迹、蚊蝇滋生。生活污水中的病菌虫卵引发疾病的传播，许多新型的“三致”有机物残留在水体中，即使通过煮沸的方法也不能完全去除，长期饮用含有“三致”有机物的饮用水，使群众的身体健康受到极大的影响，群众的生命健康得不到保障。

农村的生活污水及禽畜废水占据了农村污水的重要比重，已经成为农村面源污染的重要来源。这些污水中的污染物主要是有机物、氨氮等物质，真正处理的难度并不高，但如果继续保持现状，直接、任意排放入水体，却会对生态环境和村民健康造成严重影响。这些面源的污染破坏着下游饮用水源的水质，直接影响着农村人民的生存和发展。加强农村生活污水的处理，既是社会主义新农村建设的重要内容和组成部分，也是改善农村生态环境和防治农业面源污染的重要措施。加强农村生活污水收集、处理与资源化设施建设，不仅是新农村建设的需要，也是避免农村水体、土壤和农产品污染，确保农村环境安全和农民身心健康的重要举措。

因此，本书主要以农村生活污水和农村散养畜禽污水为对象，在对农村生活污水和农村散养畜禽污水管控现状充分分析的基础上，提出相应的法律法规、技术与监督管理方面的政策建议，建立农村非点源风险管理优化模式，实现对农村生活污水与农村散养畜禽污水的污染风险管理，重要性毋庸置疑。正因为农村生活污水和畜禽废水在农村生活污水产生和排放量中占有很大的比重，按照抓主要矛盾的思路，当前我国正处在农村环境治理的攻坚时期，国家和地方已意识到农村环境到了非下大力气整治不可的阶段，党的十八大以后国家出台了建设社会主义生态文明的重要举措，农村是生态文明建设的主战场，一段时间内，只要把农村的生活污水及禽畜废水进行合理的收集与处理，农村的水环境问题就能得到显著的改善。

目前，我国在流域农村生活源水污染风险管理方面做的工作还不多，本书力求从国内农村污染治理的现状和存在问题入手，为探索农村生活源水污染风险的控制和管理提供有益的借鉴思路。

第2章

农村生活污水与散养畜禽污水状况

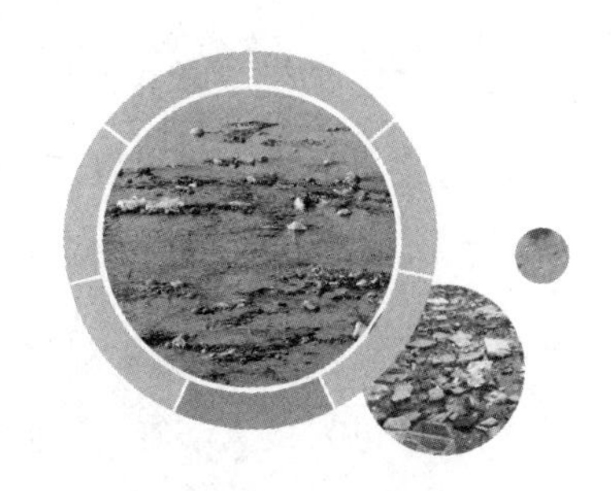

由于农村人口居住分散，农民居家散养畜禽情况普遍，而且我国农村地区村庄内基本没有系统的污水收集管网和污水处理设施，因此，农村生活污水和散养畜禽污水是一种非点源的污染源。为建立流域非点源风险管理优化模式，实现对农村生活污水与农村散养畜禽污水的污染风险管理，本章对农村生活污水和散养畜禽污水现状进行充分的分析和研究调查。

2.1　我国农村生活污水状况

农村的生活污水主要是在村民的生产和生活过程中产生的，其包括厨房用水、如厕污水、洗漱用水和日常洗涤等。农村生活污水成分复杂，其产生量与生活习惯和生活水平有着密切的关系。已有研究证明，农村生活污水的排放量及污染程度与该农村的经济水平相关，经济条件较好的农村家庭，有冲水厕所和封闭式化粪池，部分家庭还有淋浴设施，污水排放量较大，日化用品污染程度也较大；经济条件较差的农村家庭，多数仍居住着修建已久的老房子，大部分没有改水改厕，采用开放式的化粪池，用水不便因而污水排放量相对较小，日化用品污染程度较低。

根据《中华人民共和国2012年国民经济和社会发展统计公报》数据显示，2012年年末全国总人口为135404万人，其中农村人口为64222万人。农村居民生活用水参考取值如表2-1所示，如果选取农村居民生活用水量最低值，即每人每天60L的生活用水量，则全国仅农村地区，每天便至少产生3850万吨的生活污水。

表2-1　农村居民生活用水参考取值

村庄类型	用水量［L/(人·d)］
经济条件好，室内卫生条件齐全	120～150
经济条件较好，室内卫生条件较齐全	90～120
经济条件一般，有简单的室内卫生设施	80～100
无卫生间和淋浴设施，主要利用地表水或集中供水洗涤	60～90

按照这样的用水量计算，农村地区每天将产生3000多万吨的生活污水，每年则有约120亿吨生活污水来源于农村，其排放量占全国生活污水排放量的48%，超过全国总废水排放量的12%。大部分农村地区的生活污水是不经收集和处理的，直接排放至地面或附近明渠中，夏季气温较高时，明渠发臭，滋生大量蚊虫，严重降低环境质量，既污染了水体又对空气造成一定程度的污染，影响村民的身体健康；冬季气温较低，部分河流进入枯水期甚至断流，此时的明渠就成了名副其实的臭水渠，将生活污水一路带向下游，造成附近地区的一个污染带。此外，随着农村旅游的迅猛发展，农家乐服务行业日渐兴旺，游客的来访带来了污染物排放量的增加，这也是近几年农村生活污水排放量有增无减的主要原因之一。农村地区一直被

认为有着巨大的环境容量和超强的自净能力，但是面对如此大的污水排放量增长压力，且相应的环境基础建设严重滞后，生活污水已成为水体的重要污染源，并且在人们的忽视中慢慢地威胁着生命的健康和生态的平衡。

有报告表明，农村生活垃圾处理不当污染水环境。全国 80%的村庄居民将垃圾随意堆放在路边、水塘甚至水源地。生活垃圾含有大量以腐殖酸为小分子的有机酸和由氨基酸合成的大分子产物有机物，其渗滤液成分复杂，氨氮、有机物浓度均偏高，流入水体将污染水源水质，增加水处理和净化的难度，影响农村人民的基本饮用水安全，增大人群患病概率，威胁农村人民的身体健康。

2.1.1　农村生活污水特点

1. 水量变化大

农村人民各家各户的生活方式大致一样，娱乐休闲的时间较少、形式较单一，主要作息都是日出耕种，日落归家，晚间活动较少。除了外出耕种，农民在家时进行的生活一般为做饭、洗漱洗涤和睡觉，因此，生活用水主要集中在早、中、晚的做饭时间和晚间的洗漱时段，污水量也在这些时候达到高峰期，夜间休息之际，用水量和排水量几乎没有，有时甚至断流，因此，水量日变化系数极大，通常为 3.5～5.0，变化曲线不连续。除了一日内的水量变化大外，随着气候季节的变化，用水量和污水排放量也有着很大的差别。夏季用水量较大，冬季用水量较小，这一差别在北方地区更为明显。

2. 水质差异性大

农村的生活污水主要分两类，一类是冲洗厕所粪便的高浓度生活污水，另一类是除厕所污水以外的厨房用水、洗浴洗衣等低浓度生活污水。粪便的成分中 3/4 为水，1/4 为固体；固体中 30%为细菌，10%～20%为无机盐，

10%～20%为蛋白质、脂肪等有机质，30%为未消化的残存食物及消化液中的固体成分，如脱落的上皮细胞。因此，冲洗厕所粪便的生活污水中 COD、氮、磷浓度很高，病原体细菌含量大；厨房、洗浴污水含有较多的油脂物质和洗涤剂，但浓度较低。

3. 可生化性好，毒性低

农村生活污水整体来说，有机物浓度高，BOD_5 为 120～200mg/L，COD 为 250～400mg/L，氨氮含量为 40～60mg/L，总磷为 2.5～5mg/L，与城镇生活污水相近，且含有大量营养盐，一般情况下不含重金属等有毒物质，可生化性好，适合采用生物法和土地法处理。但是污水中病原体、细菌较多，如沙门菌、大肠杆菌、链球菌、葡萄球菌等，需要进行一定的杀菌处理。

2.1.2 生活污水收集和处理

根据我国住房和城乡建设部 2005 年 10 月对我国具有代表性的村庄入村进行的《村庄人居环境现状与问题》调查报告显示：超过 96%的村庄没有排水渠道和污水处理系统，生活污水都随意排放到周围的环境，造成溪流、水塘的污染。农村地区人口密度低，分散度高，如果采用城镇的污水管网统一收集的方式收集生活污水，不仅难度大，而且造价成本极高，加上农村的技术基础差，很难达到像城镇管网维护和管理的要求。农村生活污水的收集和处理应根据各地的地形、地势等条件，因地制宜。

污水处理可以分为集中式污水处理和分散式污水处理。对于农村地区而言，集中式污水收集处理系统是指通过排水管网将村内不同住户的污水统一收集后输送到一个地方集中处理，这样的收集和处理方式，环保效果明显、出水水质好、抗冲击性强、便于管理，但是收集难度大、管网造价高，只适合人口密度较高、规模较大、经济水平较好、旅游业发达、处于饮用水源保护地区的农村。分散式污水收集处理系统是指村内的单户或相邻住户的污水通过就近建设的污水处理设施进行各自处理，这样的收集和处理方式，管网投资较低，方法灵活、便捷，适合人口密度低的村镇，但是处理是由投资方自建自营，管理力度较低，处理效果不一定好。如图2-1所示为农民开挖槽铺设污水收集管理。

图2-1 农民开挖渠槽铺设污水收集管道

2013年，我国城市污水处理率约达到82%，县城污水处理率约为60%，而建制镇的污水处理率却低于20%。农村地区的污水收集和处理力度亟须加强，否则农村的水环境问题将持续恶化，将会导致日后的处理难度更高。可是因为农村不同地区地形多变，收集和处理方式不能采用同一模式，应针对不同的情况采取不一样的方法。

2.2 我国农村散养畜禽养殖污水状况

除了粮食种植，畜禽养殖也是农民生产生活的一大部分，它既是农民自给自足的重要资源，也是农村经济的重要支撑。从20世纪80年代开始，畜禽养殖开始不断发展，但规模化养殖却起步很晚、发展很慢。总体而言，除个别地区如江汉平原、武汉、黄石等大、中城市周边的乡镇以外，养殖业发展迅速的地区，畜禽集约化水平仍普遍较低，大部分农户以分散饲养畜禽为主。由于畜禽基本上由散户自我养殖，因此缺乏系统的生态管理。

根据环保部的数据统计显示，2012 年全国废水排放量为 684.8 亿吨，化学需氧量排放 2423.7 万吨，其中来自农业源的化学需氧量排放 1153.8 万吨，占总化学需氧量排放量的 48%，当中畜禽养殖业排放 1099.0 万吨，水产养殖业排放 54.8 万吨；氨氮排放量 253.6 万吨，农业源的氨氮排放量 80.6 万吨，占总氨氮排放量的 32%，其中种植业 15.2 万吨，畜禽养殖业 63.1 万吨，水产养殖业 2.3 万吨。从数据中可以明显看出，畜禽养殖产生的化学需氧量和氨氮污染物在农业污染源中占据了较重的比例，畜禽养殖业已是农业生产污染的主要污染来源。

除此以外，环保部还对全国规模化畜禽养殖集中的省市进行了调查，结果发现，国内有完善污染物处理设施的规模化养殖场比例不高，而村民散养的畜禽则更谈不上污染物处理。畜禽的污染负荷大、污染物成分极其复杂，例如，粪便排泄物会带来大量细菌病毒，如炭疽、禽流感、布氏杆菌和结核病等；有机酸、氨、硫化氢、胺类等恶臭气体，如果没有收集和及时处理，随意堆放不仅会产生难闻的气味，而且随着人为清洗或者雨水冲刷，排泄物融入水中流至土壤或水体容易传播疾病，导致人畜共患传染病；此外，大量的氮、磷元素进入水体后会造成水体富营养化，危害水生生物。另外，随着饲料工业的发展，农户开始采用新型饲料饲养畜禽，饲料添加剂中含有铜、砷、汞等重金属元素，随着水的冲刷渗入水土中，也容易对环境造成危害。

2.2.1　农村散养畜禽养殖污水特点

1. 污染负荷大

有研究表明，养殖一头猪产生并排放的污水相当于 7 个人日常生活中产生的废水，养殖一头牛所产生并排放的污水超过 22 个人日常生活中产生的污水。从《农业技术经济手册》的畜禽养殖排污系数表（见表 2-2）提供的参考值可见，畜禽产生的粪便尿液数量很大，产生的 COD、BOD、氨氮、总磷、总氮污染物浓度也十分高，污染负荷极大，如表 2-3 所示。

表 2-2　畜禽粪便排泄系数表

项　目	单　位	牛	猪	鸡	鸭
粪	kg/d	20.0	2.0	0.12	0.13
	kg/a	7300.0	398.0	25.2	27.3
尿	kg/d	10.0	3.3	—	—
	kg/a	3650.0	656.7	—	—
饲养周期	d	365	199	210	210

注：d——天；a——年。

表 2-3　畜禽粪便中污染物平均含量

项　目	COD	BOD	氨氮	总磷	总氮
牛粪	31.0	24.5	1.7	1.2	4.4
牛尿	6.0	4.0	3.5	0.4	8.0
猪粪	52.0	57.0	3.1	3.4	5.9
猪尿	9.0	5.0	1.4	0.5	3.3
鸡粪	45.0	47.9	4.8	5.4	9.8
鸭粪	46.3	30.0	0.8	6.2	11.0

注：单位为 kg/t。

2. 污染成分复杂

畜禽污染物的污染成分十分复杂，除了上述提到的 COD、BOD、氨氮、总磷、总氮等导致水体富营养化的营养物质以外，污染物中还有大量氨气、硫化氢、甲胺、二甲二硫醚和吲哚等具有恶臭味的气体；喂养饲料中流出的铁、锌、钙、钴、锰等矿物质；粪便里的蛔虫、炭疽、禽流感、大肠杆菌类、布氏甲烷杆菌病、结核病等人畜共患传染病病菌；兽药中引入的抗菌素和激素等；畜禽死后的尸体、死胚、蛋壳等。畜禽污染物不仅破坏生态环境，而且严重影响人类的身体健康。

3. 氮、磷含量高

如今许多饲料中的营养物质不平衡，饲养后降低了动物对含氮和含磷化合物的吸收，多余的或不配套的氨基酸在畜禽体内代谢分解后，经尿液排出；磷与钙、镁、锌、铁等二价和三价金属元素螯合成极难溶解的化合物，排出体外，这些都是畜禽排泄物中氮、磷的主要来源。

散养畜禽养殖的排泄污染物不进行无害化处理就肆意排入周围的环境。这些未经无害化处理的畜禽粪便中的氮、磷，随着暴雨冲刷直接进入水体，或者被氧化成硝酸盐后经径流、下渗方式污染地表水和地下水，造成水体富营养化，远超过水体原有的自净功能，使水体失去原有的使用功能，破坏水生态平衡，导致水体变黑发臭。畜禽的粪便排泄物因氮、磷含量高，本是一种宝贵的肥料，但由于化肥技术的兴起而不断被舍弃取代，从资源变为废物，且成为严重破坏环境的污染物。

2.2.2 散养畜禽污水排放和处理

农村散养畜禽排放的污染物被视为面源污染，或称非点源污染，它与点源污染不同。点源污染集中排放、易于检测和污染控制、便于管理；面源污染是一种随时会在一个广阔土地上排放污染物的现象，具有分散性和隐蔽性、随机性和不确定性、广泛性和不易检测的特征。

畜禽分散养殖的污水排放量不如集约型养殖场所产生的污废水多，但并不代表该情况可以忽视不理。农村养殖的畜禽多数都饲养在与自家房屋相近的屋舍里，饲养规模大小不一，涉及面广，分布在全村各种不同的生活区内，没有统一的饲养场所，污染排放物也没有进行科学的收集处理与排放。

如图 2-2 所示为家养畜禽的环境示例。

图 2-2　家养畜禽的环境示例

如图 2-3 所示为散养畜禽附近的水体环境示例。

图 2-3　散养畜禽附近的水体环境示例

养殖污水污染主要来源为养殖圈舍的冲洗和畜禽的粪便污染，但最主要的污染源为粪便排泄物。畜禽粪便一般通过四种途径进入水体：①冲洗粪便过程中随冲洗水流失；②堆放的粪便在雨水的冲刷下或因其他原因进入水环境；③粪便被直接排入河道中；④粪便未经处理直接灌溉农田，随流水下渗至地下水。

排放至土壤的氮、磷、钾和其他营养盐，往往由于植物生长周期差异等原因，不能全部被植物吸收和利用，导致其渗入地下水，造成地下水有机污染和氮污染，恶化水质，使地下水失去饮用价值，如被继续饮用将危害生命健康。畜禽粪便中的氮、磷流入地表水，造成水体富营养化污染已是国内外的普遍现象，要防止情况恶化，则不能再随意堆放、排放污染物，必须采取科学合理的处理手段控制环境污染问题。

目前，散养畜禽养殖的污染防治措施主要包括如下方面。

（1）沼气发酵。沼气发酵又称为厌氧消化、厌氧发酵，是指有机物质在一定的水分、温度和厌氧条件下，通过各类微生物的分解代谢，最终形成甲烷和一氧化碳等可燃性混合气体。有条件的农村家庭会设置沼气池，将收集的畜禽粪便、秸秆和杂草等堆放至一起，制造沼气，用于取暖做饭，沼气比传统的烧柴能源更清洁、更高效。目前，该技术已经比较成熟，只是一次性的投资较大，适合有一定经济能力的村民家庭。

（2）高温堆肥。高温堆肥就是将人的粪尿、禽畜的粪尿和秸秆等堆积起来，利用细菌和真菌的大量繁殖将有机物分解，并且释放出能量，形成高温。高温堆肥一般通过压实的方式实现高温，而在此过程中形成的高温，可以杀死各种病菌和虫卵，起到灭菌的功效。高温堆肥是生产农家肥料的重要方式之一，是广大农村较容易做到的一步。该技术对于促进农作物茎杆、人畜粪尿、杂草、垃圾污泥等堆积物的腐熟，以及杀灭其中的病菌、虫卵和杂草种子等，具有一定的作用，既可以保护环境，又可以化废为宝。

（3）用作饲料。家禽因消化道短，对于饲养的食物未能完全消化就排泄于体外，而这些排泄物含有大量粗蛋白、矿物质元素和碳水化合物等，具有较高的营养价值。如果经过科学合理的加工处理后，家禽粪便就可以作为饲喂生猪、鱼类的再生饲料。这样既可以降低畜禽的饲养成本，减轻人畜争粮矛盾，又可在一定程度上实现循环经济和清洁生产。

2.3 农村生活污水和散养畜禽污水污染成因分析

农村生活污水和散养畜禽污水污染成因复杂，因地而异，但是主要成因集中在以下三个方面。

1. 农村环境保护法制、监管体系不健全

农村地区由于地形环境的因素，加上历史遗留的原因，在总体布局上缺乏不同程度的环境合理性，如交通道路、工业商业、文化教育、居住用地等，存在许多不科学的布局。因此，结构松散的农村地区无法通过简单地提高法制建设和健全各种监管体系达到环境保护的目的。

我国关于农村环境保护的立法相对滞后，目前还没有适合农村环境保护工作的法律体系，导致农村的环境保护工作无法在法律政策的切实制约下有效实行。目前我国已有的《环境保护法》、《水污染防治法》、《污水综合排放标准》等法律标准，对于农村地区实在缺乏具体情况的考虑，法律规范执行难度极高。大部分技术规范只针对点源污染的控制和防治，而农村的环境污染更多为非点源污染，已有的规范对于解决农村的面源污染问题，意义不大。若对众多的小企业、家庭分别进行监控，成本太高，难以实现。

农村地区的环保系统主要是县一级环保机构，县级以下的政府很少有专门机构和相关工作人员，只有少数乡镇设置了环保办公室、环保员等环保机构，且其对农村生活环境涉及的管理很少，更多是偏向于管理农村工业问题。尤其是对于一些涉及其他部门的环保工作，部门之间难以协调，发生利益问题或出现越权侵权问题时，部门之间相互推脱，无法有效地进行管理。或者部分行政主管部门职能重叠，监督管理力度减弱，以致工作进行不够到位。

尽管国家每年都在加大关注度和处理力度应对农村环境问题，但是农村地区立法和监管的滞后性导致环保工作难以大步向前，这一大难题，仍需要国家政府和人民群众的共同努力。

2. 农村环境保护基础设施缺乏、技术水平低

生活污水、畜禽粪便污水随意排放的问题，有一大部分原因归于农村没有管网收集系统和污水处理厂，没有完善的污水处理基础设施，导致村民不得不自行排放处理。与城镇的基础设施相比，乡镇的基础设施相差甚远，尤其是在环保方面。因为一直以来的城乡二元结构，农村成为环境监管和污染防治的死角，除非发生了重大事故，农村地区长期处于自治状态。

与国外相比，我国的农村环境建设相当落后。许多发达国家对于农村的环境问题高度重视，法制化管理十分严格，技术设备也顺应农村条件。例如，澳大利亚提出的“FILTER”污水处理系统，利用污水进行土地灌溉后再经过暗管收集，以达到污水排放标准；日本为乡镇生活污水处理设计了 JARUS 模式的 15 种不同型号污水处理装置，处理工艺主要为生物膜法和浮游生物法；美国密苏里大学用脉冲电磁装置处理粪便的恶臭；还有韩国的湿地污水处理系统、美国的高效藻类塘系统、法国的蚯蚓生态滤池等。而我国农村地区，教育水平偏低，有知识、有技术的人才较少，加上农村

经济水平较低，学术发展空间小，有学识的人们也倾向于奔跑在城市中心，村里留下的知识分子和技术人才少之又少。靠当地居民把学术与实践结合应用于农村生活和环境污染防治中，难度确实较大。

农村生活污水处理是当前新农村建设中的重点，国内缺少投资小、运行费用低、管理方便的污水处理技术又是一个很大的瓶颈。发达国家在处理农村生活污水处理方面进行的积极探索，也取得了明显的成效。因此，学习国外先进经验，积极创新，加快城乡生活污水的治理速度，势在必行。当然国外的污水处理技术同样需要完善，不加研究直接照搬和完全套用国外污水处理技术难以取得成功。

我国乡镇中的污水处理厂，采用的技术目前仍是十分普通、简单的工艺技术。主要原因如下：一方面，传统简单的工艺，设备材料相对容易采购，成本较低；另一方面，传统简单的工艺，有着成熟的运行经验，科技技术相对较低，对工作人员的技术要求不高。

3. 环保建设投入不够、村民环保意识薄弱

经济是推动科学技术的主动力，农村环境保护工作是一项科技含量很高的系统工程，需要有一定的经济力量作为支撑。但仅依靠农村人民的经济能力和收入水平，环保工作无法开展，尤其是农村人民经济能力水平较低下，必须由国家的资金投入作为主梁，撑起农村环保工作的发展。

国家每年都加大农村环境建设的资金投入，并设立了农村环境保护专项。环保部从2008年开始实施“以奖促治”政策，治理农村环境，中央财政共安排农村环保专项资金40亿元，带动地方投入80多亿元，支持了6600多个村镇开展环境综合整治和生态示范建设，2400多万农村人口直接受益。环保部副部长吴晓青在2014年全国环保系统规划财务工作会议上的讲话提

到，2013—2014 年，环保部参与安排的中央环保投资合计达到 530 亿元，2014 年比 2013 年增长近 100 亿元，其中，投资重点支持地方大气污染防治、农村环境综合整治、江河湖泊生态保护、重金属污染防治、燃煤锅炉烟尘治理、生物多样性保护等。

然而，这些农村环境保护资金对全国的整个农村污染整治工作而言，只是杯水车薪。在全国农村环境保护工作会议上，环保部相关负责人曾算过一笔账，目前全国约 60 万个行政村，按照其中 1/3 需要治理计算，即 20 万个行政村迫切需要治理，每个行政村治理需要 100 万元，中央和地方各投资 50%测算，中央财政就需要投入 1000 亿元。可见在当前的经济形势下，加大投入推进农村环保工作，任重而道远。

按照目前情况而言，我国环境科研力量相对薄弱、环境保护科研投入低，研究方向侧重于城市和工业方面，导致农村的环保工作治理效率不高。

农村人民的环保意识薄弱主要归于以下两点。

（1）村民的收入水平偏低，对环境质量的需求也低。国外学者有研究表明，在发达国家，人均收入如果增长 10%，人们对环境质量的需求将上升约 4%。因为受到收入水平的限制，村民不得不优先考虑发展经济、提高收入、提高生活质量，所以，忽略对环境的需求。解决了温饱和生活的问题，人们才会进一步考虑改善环境的质量。

（2）缺乏环境保护的知识教育。农村人民在长期的传统观念影响下，专注于农业耕种，受文化教育的程度较低，缺乏保护环境的观念教育，没有形成深刻的保护环境意识，在生活生产中，追求劳动最小化和产量最大化，注重农业的短期行为，忽视农业的可持续发展，忽视生活居住的环境质量。农村人民缺乏遏制环境污染的意识，因此，随手乱丢垃圾、随地吐口痰的行为被普遍认为是寻常事，更不必说生活污水处理和畜禽养殖污水处理等环境问题。

除了上述三方面为我国农村生活污水和散养畜禽污水污染主要成因外，由于我国幅员辽阔，国土面积大，南方和北方自然地理条件差异也较大，经济水平迥异，不同地方的职能管理部门分工也略有不同，因此，针对不同地区的实际情况，还会有其他方面的污染成因存在，在此不再一一列出。

第3章

农村生活源水污染风险管理立法导向研究

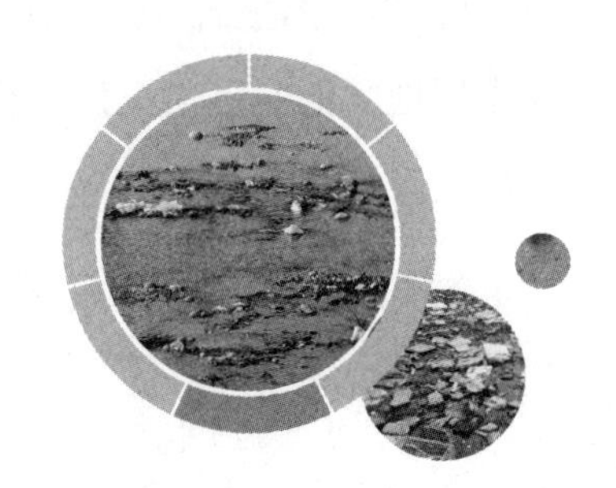

3.1 引言

农村水污染治理问题，与其说是技术问题，在某种层面不如说是制度问题。过去很长一段时间，国内对于农村污水问题的研究主要集中于技术层面的研究，却往往忽略从社会制度与环境之间的联系角度去思考降低农村水污染风险及解决途径。

农村生活源水污染风险管理立法导向的研究角度受到制度经济学相关理论的启发，以制度建设为途径探讨农村污水治理。制度经济学通常把制度定义为决定人们相互关系而设定的一系列规则，认为人们的经济活动就是在正式或非正式制度约束下进行的效用最大化行为。制度的制定、变迁都是为了实现有效均衡和潜在收益的最大化。

本部分内容把制度建设作为有效降低农村污水治理的重要切入点，主要考虑以下两点。

（1）农村水环境污染内生于农村环境的恶化，其污染具有一定的外部性。经济学领域普遍认为，避免“公地悲剧”[①]的有效途径是通过制度建设，校正激励与约束不对等的制度框架去制衡各方利益，技术的途径并不会促使排污者自发地合法排污。

（2）制度对环境的可持续发展具有直接的影响作用，主要表现在：制度是一种资源，良好的制度是约束人们不利于环境可持续行为的内生变量，其为实现合作创造条件，带来效率的提高，有助于消除外部性，保证社会效益和经济收益的“最大化”。

没有规矩不成方圆，农村生活源水污染风险管理同样需要相应的制度。制度是一系列规则的总称，包括政治规则、司法规则、经济规则及自愿性契约。一种制度是否有效，除了有良好完善的约束规定，还应该有健全的实施机制和保障机制。离开实施机制，任何制度安排都只是建在“沙滩上的城堡”。每一项制度安排都对应着特定领域约束与激励人们的一组行为规则。

我国针对农村环境污染治理进行了初步的尝试，也有一定的实践基础。从法律角度看，我国现阶段的农村污水防治，主要散见于以下法律法规：《中华人民共和国环境保护法》、《中华人民共和国水污染防治法》及其《实施细则》、《中华人民共和国水法》、《中华人民共和国固体废物污染环境防治法》、《中华人民共和国城乡规划法》、《中华人民共和国农业法》、《中华人民共和国循环经济促进法》、《中华人民共和国农业技术推广法》、《中华人民共和国可再生能源法》、《中华人民共和国畜牧法》等。上述法律都与农村水污染防治打了擦边球，仅仅在原则上做出了阐述，而在防治的具体措施上却没有明确的规定，这就违背了制度理论的实施机制，在实践中指导

① “公地悲剧”是指产权不明，使得企业和个人使用资源的直接成本小于社会所需付出的成本，而使资源被过度使用。

意义不大。

所以，本书除对健全农村水污染防治的法律法规做一些探索性的工作，提出一些完善的建议以外，重点研究内容主要在于如何把法律法规中的指导思想落到实处，形成真正有效降低农村生活源水污染风险的“生产力”。

在制度理论的基本框架中，本书对我国农村水环境污染的背景与现状进行了阐述，评价我国现有的农村污水防治的法律与政策体系，找出我国农村污水治理难点，研究降低农村污水处理的立法需求，并通过层次分析法对风险因子进行评价；基于制度理论的激励机制与约束机制启发，引入了利益相关者的理论，将我国农村水污染治理看成一个系统，对这个系统内部的利益相关者进行了界定，并对各个利益相关群体的影响力进行了分析；就如何调动各个利益相关者参与农村污水治理的积极性，借鉴了国外的先进立法和组织管理经验，并得到一定的启示；最后，立足国情，基于利益相关者实证模型和国外先进经验借鉴得到的启示，提出降低农村水环境污染风险的立法导向和政策建议。

本章主要采用了多学科交叉法、比较研究方法、理论研究和具体实践相结合的方法开展研究。

（1）多学科交叉法：综合运用了法学、经济学、管理学、环境学等学科的基础理论，对降低农村水污染风险的机制体制进行立法导向和政策建议的深入研究。其中特别引入了管理学关于利益相关者理论，把生活污水和畜禽污水的治理当作一个利益系统，对这个利益系统进行了利益相关者的识别。然后应用统计学的 Binary Logistic 回归模型实例验证利益相关者对降低农村污水风险的影响力，并得到有益的启示。

（2）比较研究方法：通过对国外关于农村水污染治理中所采取的立法手段和经济手段进行详尽分析，并与我国立法现状作比较，借鉴国外先进经验，得到一定的启发。

（3）理论研究和具体实践相结合的方法：在理论上对我国农村水环境污染的现状和治理相关主体进行分析，在充分调研的基础上，总结我国在降低农村水污染风险的经验，提出进一步完善治理的立法导向和政策建议。

3.2　基于层次分析法的农村污水污染现状成因分析

农村污水污染现状成因分析主要通过驱动因子分析完成。风险驱动因子分析就是对将会出现的各种不确定性及其可能造成的影响和影响程度通过定性、定量或两者结合的方法进行分析的一种方法。

农村污水污染作为一种非点源污染，由内生源污染与外源性污染共同组成，非点源污染防治是一个世界性的难题。农村水污染风险存在很大的不确定性，其污染风险的驱动因素涉及因子多、相关性大，所以，农村污水治理成因的驱动因素分析的判断目前没有一个明确的方法，这样就导致对其成因分析具有一定的主观性。

本书作为一个综合学科研究，将农村污水治理视为一个复杂的系统工程，对农村污水污染风险驱动因素进行识别，对驱动因子进行权重分析，然后根据权重大小，研究我国当前这些驱动因子的驱动机理，并得出启示。这些启示可作为提出相应的立法导向建议的参考依据，从而达到降低风险造成的影响或减少其发生的可能性的目的。

3.2.1　我国农村污水污染现状驱动因素识别

农村污水治理作为一种公共物品的供应，其研究离不开以下几个层面的分析：谁提供、谁受益、通过何种方式提供、最终效果如何等。当然，在整个过程中，政策、制度、体制等决定了到底谁提供、何种方式提供、进而最终决定某项公共物品提供的最终效果如何，在某种程度上可以说，公共物品是政策、制度、机制与模式等共同作用的产物，效果的好坏很大程度上是由这些因素决定的。基于文献查阅和实地调研的基础，下文将从上述几个方面对我国农村污水污染现状的驱动因素进行识别。

1. 城乡二元结构导致公共用品分配不均

城乡二元结构对农村污水治理的影响突出表现在很长一段时期全社会对农村污水治理的漠视。农民是现代社会中的重要群体，由于诸多方面的弱势性和国家政策的偏向性，对农民环境权保护也明显有着不公平的表现，也就是所谓的“环境弱势群体”。其“弱势”主要体现在排污的不公平待遇、相关投入的不公平待遇、政府官员考核的不公平待遇等。而所有这些不公平的待遇都根源于我国的城乡二元结构，这种二元结构导致农民的权利很大程度上被制度性消解，很多法定权利缺失或得不到保障。

以资金投入为例，环境污染防治需要大量的人力、物力。2005 年，我国对环境保护投入仅占 GDP 的 1.31%，低于发达国家的 1.5%的标准，当年全国环境污染治理投资为 2388 亿元，其中仅城市环境基础设施建设投资就达到了 1289.7 亿元，工业污染源治理投资 458.2 亿元，新建项目“三同时”环保投资 640.1 亿元。2008 年，环境污染治理投资为 4490.3 亿元，占当年 GDP 的 1.49%，其中，城市环境基础设施建设投资 1801.0 亿元，工业污染源治理投资 542.6 亿元，建设项目“三同时”环保投资 2146.7 亿元。可以看出，绝大部分财政资金投向了城市，实际用于农村环保的资金相当有限。

再以环保职能机构编制为例进行分析。环保局是我国享有环保职权的专门机关，根据环保部 1994 年《关于全国环境保护管理机构规范化建设的意见》第二十二条规定：“乡（镇、街道）环境保护行政管理机构人员设置为：乡（镇、街道）环境保护办公室的工作人员 2～3 名；环境保护任务较重的可适当增加；不设环境保护机构的乡（镇、街道）设环境管理员 1 名。”

可见，即使基层政府设置环保职能部门，本意也只是防治工业污染，而并不是针对农村环境问题而设置的。在2005年全国环保系统能力统计中，乡镇环保机构数量仅仅为1469个，配备人员4487名；在环境监测、环境监察的机构设置和人员编制方面根本没有乡镇级。

2. 农村污水治理供给主体与手段单一化

长期以来，由于环境污染的外部性因素，而且公共物品的非排他、产权不明确等各方面的原因，政府担负不可推脱的责任，但是，就我国农村污水治理供给主体而言，一定程度上出现了供给主体单一化现象。政府作为单一化供给主体，虽然在一定时期内，特别是在探索阶段和创建典型阶段，治污效果可以通过强大的行政压力和财政实力去取得初步成效，然而随着农村经济的发展，治理面进一步扩大，就不可避免地出现财政投入不可持续、管护问题制约、监管能力不足等问题。

我国农村污水治理不仅呈现供给主体单一化，而且呈现手段单一化。概括地说，环境保护手段主要包括教育手段、法律手段、经济手段、行政手段等。一般认为，法律手段是最基本的手段，是其他手段的保障和支撑，通常称为“最终手段”；行政手段是公共物品最常用的手段，其见效快，初期推行容易，且具有强制性。我国农村污水治理手段过于依赖行政手段，往往导致地方政府把农村污水治理看成一种负担而不是一种长远责任；综合手段的运用仍未成形，而且对法律手段重视不够，法律体系的不完善导致“最终手段”的作用没有得到有效发挥；缺乏科学运用经济手段，对污水治理可调用资源（如社会资金投入等）缺乏吸引力和引导力。

3. 农村自身特殊条件加大治理难度

农村污水污染区别于城市污水污染，城市污水排放通过管网收集后可以定义为点污染，而农村污水排放一定程度上还具有随地排放、难以收集的非点源排放特征；再者，农村地区由于农居布局依地形而建，零散而无序，管网铺设管线长，自留动力高程偏低，施工难度大，费用高，因而在农村难以建立起有效的污水收集、处理系统。此外，我国农村污水治理的权限归属农村环境治理，而农村环境治理权限被分散到许多部门，致使农村保护权利分散，部门利益难以协调，责任主体不明确等，这些都加大了农村污水的治理难度。

同时，我国农民的生态环境保护意识水平还比较低，许多人认识不到保护生态环境的重要性和紧迫性，参与环境保护的主动性不高，“等、靠、要”的依赖思想相对仍然比较重。对于农村众多发展与生产问题，特别是经济收入水平比较低的农村社区，首要发展问题（如农机购置、修公路、饮用水工程建设等）尚未解决，按照需求层次逐阶满足，一定时期内，激励农村社区环保投入难度较大。

3.2.2 驱动因素的层次结构分析

前文仅仅从定性角度对农村污水污染驱动因素进行识别，但各个驱动因素之间并不是对降低农村污水污染风险具有同样驱动力的，为更好地描述和理解农村污水治理难点，为立法导向和政策建议提供依据，还需要对农村污水污染驱动因素进行定量化的分析，以便找出农村污水污染风险驱动因素的症结所在。

农村污水治理是一个复杂的系统工程，涉及各方面的影响因素众多。系统分析和评价常用方法为层次分析法，本书的风险分析采用专家打分法和层次分析法相结合，针对研究的问题进行层次结构分析，形成指标体系。

层次分析法（Analytical Hierarchy Process，AHP）是由美国的运筹学家（T. L. Satty）于 20 世纪 70 年代末提出的。该方法将评价问题的有关元素分解成目标、准则、方案等层次，是一种多层次权重解析方法；它综合了人们的主观判断，是一种简明的定性和定量相结合的系统分析方法。该方法的特点是在对复杂决策问题的本质、影响因素及其内在联系等深入分析以后，可将定性信息转化为定量信息，并可将判断思维过程数学化。

模糊层次分析法是把层次分析法和模糊综合评价法综合起来，通过构造有序的逐阶层次结构，运用模糊综合评价对其进行综合评价的方法。模糊层次分析法的基本原理如下：一般系统评价中都涉及多个因素（指标），如果仅仅依靠评价者的定性分析和逻辑判断直接比较，在实际问题中是行不通的，指示意义不大。评价者常常需要权衡各个因素的实际大小，协调各个因素的实际意义。

层次分析法首先把复杂的问题层次化，根据问题的性质及所要达到的目标，把问题分解为不同的组成因素，并按各个因素之间的隶属关系和相互关联程度分组，形成一个不相交的层次。上一层次的元素对相邻的下一层次的全部或部分因素起着支配作用，从而形成一个自上而下的逐层支配关系，具有这种性质的结构称为递阶结构。具有递阶层次结构的评价问题，最后可归结为最低层（供选择的方案、措施等）相对于最高层（系统目标）的相对重要性的权重或相对优劣次序的总排序问题。另外，它将引导评价者通过一系列成对比较的评判来得到各个方案或措施在某一个准则之下的相对重要度的量度。这种评判能转换成数字处理，构成一个所谓的判断矩阵，然后使用单准则排序计算方法便可获得这些方案或措施在该准则之下的优先度的排序。

鉴于研究目的的需要，选择层次分析法的原因在于它具有以下优点：

系统性——将对象视为系统，按照分解、比较、评判、综合的思维方式方便进行决策；

实用性——定性与定量相结合，解决了以往在系统分析方法定性方面的困境，适用于精度要求不高的决策问题，是一种半定量的方法。

本书使用模糊层次分析模型的评价过程如下所示。

1. 建立综合评价的递阶层次模型

通过前文所述，构建递阶层次模型，其指标解释如表 3-1 所示。

表 3-1　综合评价的递阶层次模型

总风险	风险来源	驱动因子	指标解释
农村污水污染风险 ***A***	政府投入 ***B*1**	财政投入 ***C*1**	财政投入所占比重较低，投入力度不足
		治污工程措施 ***C*2**	农村生活污水治理工程措施不完善，污水处理能力不足
	机制不完善 ***B*2**	法律体系 ***C*3**	法律体系不完善，没有发挥“最终手段”应用的作用
		考核制度 ***C*4**	忽视农村环境保护，重城不重乡的考核制度
	主体与手段单一化 ***B*3**	主体单一 ***C*5**	主体单一，监管能力薄弱等问题
		手段单一 ***C*6**	过分强调行政手段，忽视综合手段运用
	农村特殊条件 ***B*4**	环保意识 ***C*7**	环保意识和自主管理能力相对薄弱，依赖意识强
		经济收入 ***C*8**	经济水平较低，投入不可持续
	其他 ***B*5**	技术制约 ***C*9**	简单易用治污技术尚未研发和推广，导致治污投入过大
		社会力量参与 ***C*10**	社会资源没有充分利用

2. 构造两两比较的判断矩阵

判断矩阵的构造，本书采用 0.1～0.9 五标度法，如表 3-2 所示。

表 3-2　0.1～0.9 五标度判断矩阵

0.1～0.9 五标度	含　义
0.1	表示乙元素极端重要于甲元素
0.3	表示乙元素明显重要于甲元素
0.5	表示甲元素和乙元素同等重要
0.7	表示甲元素明显重要于乙元素
0.9	表示甲元素极端重要于乙元素

注：0.2、0.4、0.6、0.8 可以取为五标度相邻的判断中值。

3. 权重计算

在查阅文献、专家咨询等调研基础上，构造判断矩阵，得出农村污水各风险因素指标的权重。判断矩阵构造为：

$$A = \begin{bmatrix} 0.5 & 0.6 & 0.7 & 0.7 \\ 0.4 & 0.5 & 0.6 & 0.7 \\ 0.3 & 0.4 & 0.5 & 0.4 \\ 0.3 & 0.3 & 0.6 & 0.5 \\ 0.4 & 0.3 & 0.5 & 0.3 \end{bmatrix}$$

$\boldsymbol{A}$ 判断矩阵为模糊一致性互补矩阵。根据公式：

$$\gamma_i = \sum_{k=1}^{n} a_{ik} \qquad (i = 1,2,3,\cdots,n)$$

采取行求和得

$$\gamma_1 = 0.5 + 0.6 + 0.7 + 0.7 = 2.5;\ \gamma_2 = 2.2;\ \gamma_3 = 1.6$$

采取归一化，根据公式求得

$$w_i = \left(\sum a_{ij} + n/2 - 1\right)/\left[n(n-1)\right]$$

得到

$$w_1=0.2596;\ w_2=0.19;\ w_3=0.176;\ w_4=0.186;\ w_5=0.1898$$

判断矩阵 $\boldsymbol{A}$ 的排序向量为：$\boldsymbol{W}$.=(0.2596，0. 19，0.176，0.186，0.1898)

同理构造判断矩阵 $\boldsymbol{B}1$、$\boldsymbol{B}2$、$\boldsymbol{B}3$、$\boldsymbol{B}4$、$\boldsymbol{B}5$，有

$$\boldsymbol{B}1 = \begin{bmatrix} 0.5 & 0.3 \\ 0.7 & 0.5 \end{bmatrix};\quad \boldsymbol{B}2 = \begin{bmatrix} 0.5 & 0.6 \\ 0.4 & 0.5 \end{bmatrix};\quad \boldsymbol{B}3 = \begin{bmatrix} 0.5 & 0.7 \\ 0.3 & 0.5 \end{bmatrix}$$

$$\boldsymbol{B}4 = \begin{bmatrix} 0.5 & 0.3 \\ 0.7 & 0.5 \end{bmatrix};\quad \boldsymbol{B}5 = \begin{bmatrix} 0.5 & 0.3 \\ 0.6 & 0.5 \end{bmatrix}$$

同理可得：

$$\boldsymbol{W}_{B1}=(0.40,\ 0.60)$$

$$\boldsymbol{W}_{B2}=(0.55,\ 0.45)$$

$$\boldsymbol{W}_{B3}=(0.60,\ 0.40)$$

$$\boldsymbol{W}_{B4}=(0.40,\ 0.60)$$

$$\boldsymbol{W}_{B5}=(0.45,\ 0.55)$$

最后，对 W_A、W_{B1}、W_{B2}、W_{B3}、W_{B4}、W_{B5} 计算归一化权重，如表 3-3 所示。

表 3-3　农村生活污水各风险因素指标的权重

总风险	风险来源	驱动因子	归一化权重 BC
农村污水污染风险 A	政府投入 B1=0.2596	财政投入 C1=0.4	0.104
		治污工程措施 C2=0.6	0.156
	制度不完善 B2=0.19	法律体系 C3=0.55	0.105
		考核制度 C4=0.45	0.086
	主体与手段单一化 B3=0.176	主体单一 C5=0.6	0.106
		手段单一 C6=0.4	0.070
	农村特殊条件 B4=0.186	经济收入 C7=0.4	0.074
		环保意识 C8=0.6	0.112
	其他 B5=0.1898	技术制约 C9=0.45	0.085
		社会力量参与 C10=0.55	0.104

在表 3-3 中，法律体系驱动因子权重较小，是由于法律体系是在完善实践成效上总结升华而得，中国农村污水治理开始于“十一五”，法律对农村污水治理的成效在试点期间还没有体现，关键因子还在于政府财政投入和治污工程措施，在试点初期，法律几乎是空白的，所以，在实践治理效果中，法律驱动力比较小。另外，根据专家咨询意见，法律体系在后期的权重逐渐增大，正因为如此，做好立法导向的研究对减小农村生活污水风险具有十分重要的意义。

3.2.3　基于驱动因素分析的启示

从前文层次分析法得出驱动因子权重，可直观得知农村污水污染风险最大的几个驱动因素，从而得出以下降低农村污染风险的启示：加快环境保护主体与手段要形成多元化推动格局；法律与政策体系要进一步完善；用严格的考核制度推动城乡资源统筹；提高农民参与改善自身居住环境的积极性等。

立足本书的研究内容，从制度管理的角度看农村污水治理模式的探索过程，无论加快形成环境保护主体与手段多元化推动格局，还是完善法律体系、严格考核制度，归根结底，对立法和政策作用对象而言，都是对“人”行为的约束和对“人”行为的引导（严格考核制度是对政府的约束，综合手段中的经济手段是对社会资源与农村社区居民的激励等）。上述的“人”是指经济学亚当·斯密提出的“理性人”，这一概念是西方经济学的基石，与“道德人”相对。假定人是“道德人”，社会几乎不需要任何制度安排，不需要任何经济政策，连国家都不需要。与亚当·斯密思路一脉相承，1968年哈丁在《科学》杂志中发表论文《公地的悲剧》，其从环境外部性的角度提出，避免发生公地悲剧的根本途径只有两个：一是通过集体主义教育方式等遏制个人对私利的追逐（实践证明，并非不可能，但成本高昂）；二是通过制度建设（法律或政策等）校正激励与约束。

基于上述理论分析，一定程度上，可以认为，所谓农村污水污染风险驱动因素总结为对合适的“人”约束不足或激励不足。所以，从看似复杂的驱动因素分析和研究中抓住立法和政策作用对象——“理性人”这条主线，探讨制度安排的发力点——加强约束，增强激励，以达到降低农村污水污染风险的可能。

3.3　农村水污染治理驱动因素的利益相关者识别

3.3.1　农村水污染治理的利益相关者理论基本概念

“利益相关者”一词源于管理学概念，于1963年由斯坦福研究院的学者首次提出。随后，利益相关者理论（Stakeholder Theory）得到了更为广泛的关注，研究主体逐渐扩展。1984 年，Freeman 定义利益相关者是指那些能影响组织目标的实现或被组织目标的实现所影响的个人或群体。这一定义不仅将影响组织目标的个人和群体视为利益相关者，同时还将组织目标实现过程中受影响的个人和群体也看作利益相关者，大大扩展了利益相关者的内涵。

利益相关者分析主要是研究利益相关者对政策（或决策）的利益立场及影响力。在政策制定时，要明确集团利益、能动用资源的能力，以采取积极行动去平衡各集团的利益或调整原有政策，以达到预期目标。

利益相关者分析理论实际上指出了这样一个问题，即现实的环境管理活动都是在一定的系统或网络背景下进行的，在环境管理实践中要注重考察不同主体相互作用的方式与程度，以及它们对环境管理目标的影响。针对利益相关者对环境保护的作用，Arnstein 的梯度参与模型分析了从被动的信息接受者到积极行动者的参与程度不断提升的过程。一般认为，系统内部的利益相关者，由于目标和能力不同，针对不同的目标决策会有不同的参与水平，决策者要针对不同的利益相关者的目标和能力，做出适当的决策。

利益相关者分析给我们提供的是一种看问题的角度：农村污水污染治理显然不仅仅是各利益相关者单方的责任。作为一个利益共同体，此处将农村污水污染治理看作一个系统工程，并借鉴利益相关者的思想。

3.3.2 利益相关者界定的理论与现实基础及研究指标确定

运用利益相关者理论，首要问题是对利益相关者进行界定，界定的依据目前还没有很统一的定义。本书根据研究目的，以利益偏好为依据，界定农村污水治理系统的利益相关者，界定如下：政府（管理者），其利益偏好是社会经济发展的总绩效（政绩）；农村社区居民，其利益偏好是健康和改善生活；社会力量，其利益偏好主要是利润。利益相关者界定理论依据和现实依据如下文所述。

由于利益相关者不可替代的特性，其对组织目标实现的影响效力（或驱动力）也不同。本书关于利益相关者影响力分析主要是通过对研究区域构建统计实证模型来确定。形成可量化的影响指标体系，然后通过影响指标体系，构建Binary Logistic实证模型，对各利益相关者的影响力进行定量分析。

研究指标主要从我国农村水污染治理的阶段性特征出发进行选取。一般认为，农村水污染治理的目标至少可以分为三个层次，依次为卫生健康—改善生活—环境保护。欧美发达国家很早已完成城市化进程，所以，这些国家乡村污水处理的目标是以“环境保护”为主。我国在“十一五”期间，用了5年的时间，以农村改厕项目开始了农村生活污水治理的“卫生健康”目标的追求；现阶段城镇化速度加快，环境压力加大，面临“改善生活”和“环境保护”的双重目标，双重目标交织的现阶段宜以“建设”为主，带动高层次的治理要求。所以，利益相关者影响力分析的研究指标选取主要考虑我国农村污水治理的基本国情，挑选时更侧重“建设”阶段的相关因素。

一是政府（管理者）利益相关者研究指标确定。政府作为农村公共资源的管理者和公共物品的提供者，是农村环境保护的第一责任主体，是拥有最具影响目标实现的资源与工具的利益相关者。在1997年的《世界发展报告中》，世界银行将“保护环境和自然资源”归纳为现代政府五项最基本责任之一。我国《环境保护法》第十六条明确规定：“地方各级人民政府应当对本辖区的环境质量负责。”这些法律法规为界定政府（管理者）为利益相关者提供了现实依据。基于我国农村污水污染治理的阶段性特征，此处选取农村水污染治理设施建设中财政投入所占总投入比重、是否建立完善的治理成效考核机制、监管能力建设是否健全为研究指标。

二是农村社区居民利益相关者研究指标确定。2009 年，诺贝尔经济学奖获得者埃莉诺•奥斯特罗姆建立了以自主治理制度为主和强调社会资本的第二代理性选择模型，指出自主治理制度运行的内在规律，他认为在一定条件下，自主治理的制度安排是一种低交易成本和高效率的制度选择。农村社区居民因为其社会资本的存在，很大程度上影响着农村污水治理的目标实现。同时，我国农村环境治理的总体制度沿革呈现非集中化治理的总趋势，以及我国《村民委员会自治法》中第八条规定："村民委员会依照法律规定，引导村民合理利用自然资源，保护和改善生态环境。"这是农村社区居民界定的现实和法律基础。基于我国农村水污染治理的阶段性特征，研究指标主要选取农村环境自治组织完善程度，以及农村水污染治理设施建设中农民环保投入所占总投入比重。

三是社会力量利益相关者研究指标确定。市场是配置资源的最有效手段，著名经济学家斯科于 1960 年提出要用市场的方法来解决外部性问题；萨缪尔森曾想出对付经济外溢的一般药方："外部经济效果必须用某种方法使之内部化"；西方发达国家治理农村水污染的途径是通过将外部性内部化，引入第三方社会力量，通过市场机制参与乡村生活污水的建设。2007 年国务院办公厅转发环保总局等部门《关于加强农村环境保护工作意见的通知》，指出"鼓励和引导农民及社会力量参与、支持农村环境保护"是社会力量界定的现实依据和政策依据。基于我国农村水污染治理的阶段性特征，研究指标主要选取农村水污染治理设施建设中社会资金参与程度。

3.3.3　基于实证模型的利益相关者影响力分析

1. Binary Logistic 回归模型

本书关于农村水污染利益相关者影响力分析手段主要是通过对研究区域构建统计实证模型来确定。Binary Logistic 回归又称二分逻辑回归，是专门针对变量只有“是”或“否”两个数值时估算一个事件发生概率的统计预测技术。与其他多元回归及判别分析方法相比，Binary Logistic 模型有如下三大优点。

（1）该模型所用的假设简单，不要求满足误差分布趋于正态分布假设，也不要求自变量符合正态分布的条件，模型对识别变量的分布未作任何要求，因此，大大拓宽了模型的应用面。

（2）该模型能用于因变量二值的判别并计算出其归属的规律，因而，增加了模型的灵活性，且可以给出判别结果在概率意义上的解释。

（3）Binary Logistic 回归法能对分类因变量和分类自变量进行回归建模，有一整套成熟的对回归模型和回归参数进行检验的标准。而且对因变量的数据要求灵活，连续或离散变量都可以。另外，在 Binary Logistic 回归中，模型拟合度可以通过 Hosmer-Lemeshow 去检验。

鉴于本书的研究目的，讨论的是利益相关者对农村水污染治理的驱动力，所以，只考虑“能有效降低风险”与“不能有效降低风险”两种状态，即 0/1 的二值型变量；另外，选用的利益相关者的研究指标的分布状况并不清楚，有部分为离散数据，因此，选用 Binary Logistic 回归模型符合本研究的目的。

因变量为 y_i，自变量为 x_i，i 为自变量编号，建立利益相关者对农村水污染治理的影响的 Binary Logistic 回归模型如下：

$$\rho = F(\alpha + \sum \beta_i x_i) = \frac{1}{1+\mathrm{e}^{-(\alpha+\sum \beta_i x_i)}} \tag{1}$$

在回归分析时，通常进行Logit变换，得到概率函数与自变量之间的回归线性模型为

$$\ln\left(\frac{\beta}{1-\beta}\right)=(\alpha+\sum\beta_i x_i)=b_0+b_1x_1+b_2x_2+\cdots+b_nx_n+\varepsilon \qquad (2)$$

在模型（2）中，因变量代表对农村水污染治理的影响。若“不能有效降低风险”，因变量取值为0；若“能有效降低风险”，因变量取值为1。自变量取值为上文所述的研究指标，如考核指标、财政投入等。ε为随机误差项。

2. 数据来源

本书所用数据源于2010年8月至2011年4月收集的数据，主要通过实地调研和网上资料查阅获得。实地调研主要选取重庆、江苏、辽宁、广东4省市，网上资料查询主要选取四川、湖南、湖北、浙江4省的环保局官方网站公布的相关申报材料。

样本点选择主要考虑两点：第一，东部、中部、西部各有典型村庄；第二，根据我国农村环境治理的阶段性现状，网上资料查阅的资料主要选取生态村庄和示范村庄，这样所选村庄在利益相关者影响力研究指标中有明晰的数据收集渠道。

数据收集分布合计460个：实地调研4省的10个典型村庄，共40个；网上资料查询省份共获典型村庄数据420个。

3. 变量设定

各变量的具体说明如表3-4所示。

表3-4　变量的说明

利益相关者	变量名称	标示	变量定义
政府（管理者）	财政投入	X_1	财政投入占治理设施投入的百分比
	考核机制	X_2	没有考核机制=1；原则上考核=2；严格考核=3
	监管能力	X_3	没有监管能力=1；有监管能力=2

续表

利益相关者	变量名称	标示	变量定义
农村社区居民	自主管理能力	X_4	没有自主环保组织=1；有环保组织=2；有发挥实效的环保组织=3
	环保投入（工程措施）	X_5	居民投入占治污资金的比重
社会力量	社会资金参与	X_6	社会资金占治污资金的比重
因变量	能否有效降低污水风险	P	一般自然村庄（没有降低风险）=0；示范优美村庄（有效降低风险）=1

4. 模型运行与检验

本书运用 SPSS 17.0 统计软件对样本点的相关数据进行了 Binary Logistic 分析。采用 Forward：LR（逐步筛选策略）进行变量选择，根据研究目的要求精度，确定自变量进入回归方程的显著性水平为 0.1，最终运行结果中，剔除了 X_1（财政投入）和 X_3（监管能力），剩余 4 个变量均有统计学意义（$P<0.1$）。现实分析，剔除变量 X_1（财政投入）和 X_3（监管能力）的主要原因是两者包含于 X_2（考核机制），所以，进行变量合并，形成新的指标体系，如表 3-5 所示。

表 3-5　逐步筛选策略后的新指标体系

利益相关者	变量名称	标示	变量定义
政府（管理者）	财政投入	X_1	财政投入占治理设施投入的百分比
农村社区居民	自主管理能力	X_2	没有自主环保组织=1；有环保组织=2；有发挥实效的环保组织=3
	环保投入	X_3	居民投入占经济收入的比重
社会力量	社会资金参与程度	X_4	社会资金投资于治污设施的总值

建立新的指标体系后，得出模型的统计结果检验与分析结果如表 3-6 所示。

表 3-6　Hosmer 和 Lemeshow 检验

步骤（Step）	卡方（Chi-square）	df	Sig.
1	5.954	5	0.652

Hosmer 和 Lemeshow 检验拟合优度检验得到检验 P 值为 0.652，表明由预测概率获得的期望频数与观察频数之间的差异无统计学意义，即模型拟合较好。结果具有较强解释力，回归结果可信。

5. 模型结果分析

模型的相关变量系数估计结果如表 3-7 所示。

表 3-7　模型估计结果

指　标		*B*	S.E	Wals	df	Sig.	Exp(*B*)
步骤 ①	财政投入	3.416	2.324	7.563	1	0.006	2.248
	自主管理能力	2.527	1.563	8.618	1	0.004	1.525
	环保支出	1.652	0.448	5.344	1	0.038	1.236
	社会资金投入	0.74	0.875	3.758	1	0.062	1.725
	常量	0.753	1.424	2.652	1	0.335	1.257

注：在步骤中输入的变量包括财政投入、主管理能力、环保支出、社会资金投入。

1）政府（管理者）的影响力分析

在实际回归分析应用中，自变量间完全独立很难，由于多重共线的原因，X_2 与 X_1、X_3 之间有近似的相关性，采用 Forward：LR（逐步筛选策略）进行变量选择，剔除了 X_1（财政投入）和 X_3（监管能力）。现实分析，认为财政投入中涵盖了对考核机制与监管能力的约束，可以用财政投入的相关函数近似表示考核机制与监管能力。

合并变量后进行模型估计，得出模型估计结果，考核机制描述变量系数为 3.416，分别通过了 10%和 5%的显著性检验，具有统计学意义，说明财政投入与降低污水风险呈正方向变动。

另外，在实际工作中，Logistic 回归模型不是直接用回归系数解释模型变量的，而是用发生比（Odds Ratio，OR）解释模型中的变量，即 Exp(*B*)，它表示自变量一个单位的变化，相对于参照类而言，发生概率的变化，这是由二值型因变量的特性决定的，其作为效应大小指标，度量自变量对因变量优势（降低风险）的影响程度。考核机制描述变量的 OR 值为最大值2.248，即相对于其他的自变量，考核机制对降低污水风险起着关键性的作用。另外，由于相似性的关系，这也解释了财政投入和监管能力建设对降低农村水污染风险的关键性作用，与现实状况相符合。

2）农村社区居民的影响力分析

通过模型可见，在描述农村社区居民对降低污水风险的影响力的特征变量中，自主管理能力对因变量的影响力通过了10%和5%的显著性检验，具有统计意义，说明自主管理能力对降低污水风险有显著的影响。从回归系数正负可以看出，自主管理能力与降低污水风险存在正相关关系，OR 值为次大值 1.525，这表明，随着自主管理能力的提高，降低污水风险的概率越来越大。从另一个描述性变量居民环保投入所占比重而言，影响力也通过了 10%水平的显著性检验，从研究目的要求的精度来看，是可以接受的，回归系数为 1.652，OR 值为 1.236，这表明农民环保投入对降低污水污染风险的影响是显著的，并且是必要的，在其他变量不变的条件下，增加农民环保投入会增大降低污水污染风险的概率。

3）社会力量的影响力分析

我国农村水污染治理正处于探索和试点的阶段，研究指标主要选取农村水污染治理设施建设中社会资金参与程度。通过模型可见，社会力量的描述变量——社会资金的投入比重的回归系数在5%和10%水平通过显著性检验，从正负估计值来看，社会资金投入与降低风险呈正方向变动。OR 值为 1.725，说明随着社会资金投入的加大，污水风险降低的概率也在加大。

3.3.4 结论与政策启示

本书引入借鉴利益相关者理论对我国农村水污染治理的利益相关者进行识别，划分了政府、农村社区居民和社会力量三个利益群体，并通过Binary Logistic回归模型对三个利益群体的影响力进行了量化分析，经实证模型检验表明，增加政府投入（农村治污工程措施越完善、财政投入越积极），越健全的自主治理组织，越踊跃的农民环保投入和越充足的社会资金进入到系统，就越能降低农村水污染风险。

基于以上研究结论，立足国情，可以得出以下政策启示。

（1）提高政府各级领导对农村环保工作重要性的认识，加强对农村水污染治理的重视，增加财政投入和治污工程措施建设，明确各级人民政府在农村环境的权利、义务和责任，理顺不同行政级别的政府和部门在环境保护方面的事权与财权关系，克服在环境管理中存在的推诿、扯皮现象。同时，通过考核制度推动财政投入和监管能力的建设，特别要明确农村污水整治资金的途径和来源，以及如何充实监管队伍。

（2）注重扭转治理思路，切实调动农村社区居民自主治理积极性。要切实加强对农村污水自主治理的宏观政策供给，有效实现政府与农村社区居民的衔接与互补。自主治理不等于政府不作为，政府要通过构建高效的监管队伍，加强农村污水环境监测。要充分利用市场。注重运用宏观的农村环境激励政策，发挥财政投入的引导作用，加快鼓励社会资金参与农村污水污染治理，使农村污水治理成为亿万农村群众的共同行动和全社会的共同事业。

3.4 降低农村水污染风险的立法导向建议

前文对我国农村水环境污染的背景与现状进行了阐述，对现有的法律政策进行了初步评价，探讨了立法需求。通过引入利益相关者的理论，对这个农村污水系统内部的利益相关者进行了界定，并构建实证模型，对各个利益相关群体的影响力（或驱动力）进行了分析。就如何调动各个利益相关者参与农村污水治理积极性借鉴了国外的先进立法和组织管理经验，并得到一定的启示，为降低农村污水污染风险的立法导向和政策建议提供了理论和现实依据。

3.4.1 立法导向和政策建议的原则与立法思路

1. 立法与政策的模式构想

农村环境污染防治的立法模式存在的问题，研究观点主要分为两种。一种观点认为不需要制定独立的法律，而是通过现行法律中涉及农村环境污染的相关条文进行必要性补充，达到完善法律体系的目的，比如2008年修订的《水污染防治法》第四节专设“农业和农村水污染防治”的章节；另一种观点认为农村经济社会发展与城市的差别很大，农村环境问题有必要在我国农村环境保护的单行法律中体现，对其他法律没有涉及农村环境问题，最好专项立法，避免出现“擦边球”法律法规。

对我国农村环境问题的成因分析发现，正是由于缺乏专门性的法律或条例对农村环境保护体制监督管理、适用范围等主要领域做出统一规定，所以，难以对农村环境保护行为进行科学、系统、全面的调整。加紧出台一部专门性环境行政法规，为农村污水治理提供纲领性的指导，以及专门性的法律约束已势在必行。通过新增法律或修改现行的相关性环境法律法规规章作为主导法律，并出台环境政策加以辅助，构建一套有主有辅、主辅协调的完整的法律政策体系，统筹多方资源，兼顾各方利益相关者，调动多方积极性，全面、协调、可持续地推进农村污水治理。

2. 立法导向主体思路

鉴于前文利益相关者理论和实证模型的分析，以及对国外先进经验的借鉴和启示，全面、协调、可持续地推进农村污水治理的制度体系构建，主要可以从以下思路着手。

（1）政府主导，多方参与。农村环保工作涉及多方利益相关者，需要提高各方对农村污水治理的责任意识，共同治理农村水污染。发挥政府主导作用，主要体现在政府的农村污水治理责任，加强农村污水治理监管能力；多方参与机制主要是积极探索农村污水自我管理的方式，将自愿环境管理放在更重要的角色；加大农民环境教育和培训力度，建立和完善公众参与机制。

（2）疏堵结合，多措并举。加快扭转单纯依靠行政命令手段治理农村水污染的倾向，避免过分强调以“堵”促治；因地制宜，重视以“疏”促治，如坚持以“奖”促治的相关政策的制定与落实。重视经济手段的导向作用，如对参与农村水污染防治的企业要予以税收和贷款的优惠等。

（3）以建为主，建管兼顾。持续加强财政投入的制度安排，落实各方主体在建与管两个阶段的分工责任。鼓励建设阶段建立以政府投入为主、管理阶段以农民投入为主的分工模式。研究制定乡镇和村庄两级投入机制，形成治污可持续资金投入机制。

3.4.2 主导法律体系构建的立法建议

如前文所述，我国农村环境保护体系存在整体和系统的法律框架缺失。我国虽然对点源污染的控制立法采用的是以《水法》、《水污染防治法》等专项单独立法为主，以其他法律法规、部门规章中相关条款（如《农业法》中第五十九条等）的补充为辅的模式，但是在针对农村生活污水和畜禽散养污水诸如此类非点源污染却没有相关的专项立法，我国现阶段的农村污水污染防治，主要散见于以下多部法律法规。这是由于我国相关专项法律过分简单并且严重滞后，为了与社会发展和环境保护需要相适应，国家不得不在环境政策、行政规章、行政法规等层面进行众多的调整与补充。

下面将从法律新增、修改两大版块提出相关的立法导向建议，并基于利益相关者分析和国外先进立法和组织管理经验，提出相关的辅助环境政策建议。

1. 加快《农村环境保护条例》立法进程的建议

从行政法的法律层次出台一部针对农村环境污染防治的法律，对农村环境治理进行法律约束已经迫在眉睫。《全国农村环保行动计划》在末章保障措施中提出："应加快推动制定相应的农村环境保护法规和政策，包括制定《土壤污染防治法》、《畜禽养殖防治条例》、《农村环境保护条例》等"；环保部2008年公布的《环境立法规划设想表》中36项专门性环境行政法规中也提及《农村环境保护条例》的制定。无疑，适合行政法的法律层次的这一针对农村环境污染防治的法律应该是《农村环境保护条例》（以下简称《条例》）。

《条例》作为一门针对农村环境防治的专门性行政法律，涉及农村环境问题繁多，农村污水的相关防治的立法内容将作为组成部分单独陈述。由于我国农村环境保护长期处于法律死角，为了与社会发展和环境保护相适应，国家不得不在环境政策、行政规章、行政法规等层面对农村环境行为进行众多的调整与补充。

值得注意的是，1993 年诺贝尔经济学奖获得者道格拉斯·C·诺斯（Douglass C. North）提出了著名的制度变迁中的路径依赖理论，即制度变迁会沿着原有制度的路径和既定方向前进，表现为强烈的依赖性。为了在立法思路上与其他散见法律保持高度一致，《条例》相关条款的规定立足国情，仍然需要参考其他散见法律及政策等规范性文件中有关农村环境保护的相关规定。

建议加快出台的《条例》的立法框架应包含以下内容。

1）建立健全农村环境保护管理制度，确定责任主体，明确分工

（1）建议《条例》应该加以明确：地方人民政府是农村环境保护和污染防治的责任主体，乡镇政府和村民委员会负责农村环境保护和污染防治的具体实施，县级以上地方人民政府环境保护行政主管部门对本行政区内农村环境的污染防治实施统一规划、监督管理。县级以上地方人民政府有关部门在各自的职责范围内协助本级环境保护主管部门做好农村环境保护工作。

鉴于 Binary Logistic 回归实证模型分析的启示可知，要切实通过加强考核，提高政府各级领导对农村环保工作重要性的认识。我国农村环境保护行政主管部门及其职责定位一直处于变化当中，缺乏一个完整的农村环境保护责任机制。根据国务院办公厅 2008 年 7 月 10 日印发的《关于印发环境保护部主要职责内设机构和人员编制规定的通知》，环境保护部仅有“协调指导农村生态环境保护”的职责。按照我国当前的部门职责分工，对农村水环境保护承担管理职责的部门主要有国家环保部、农业部、城乡建设部、水利部等部门，现行法律没有明确政府中的哪一个行政部门主管农村水污染防治工作，这也导致出现权责不清、分工不明、相互关系不定等问题。

上述问题有着复杂的历史背景和原因，短期内难以解决。要明确界定部门之间横向管理权限，必须加强主管部门的“统管”作用。根据我国特殊国情，为赋予地方政府全局性的管理自主权，所以对主管部门的职责定义往往有着“模糊化”的倾向。地方政府往往担起主管部门的职责，在管辖区域内统管部门工作。

（2）建议《条例》应该明确：县级以上各级人民政府应把农村环境保护列入本级国民经济和社会发展规划及年度计划中。国民经济和社会发展规划及年度计划要把农村生活污水处理率和农村畜禽养殖污水处理率作为农村环境保护中的规划性指标。

“加大财政投入”是利益相关者理论分析得出的最重要的结论之一，也是国外立法经验中不可缺少的一个方面。国民经济和社会发展规划及年度计划作为一份各级人民政府工作的阶段性纲领文件，把农村环境治理写入各级人民政府工作的阶段纲领性文件，为农村环境保护工作提供制度保障。在法律层面上要求各级人民政府切实把农村环境保护列入国民经济和社会发展规划及年度计划，在考核评价压力下，推动各级人民政府因地制宜地开展农村水污染的治理。

在法律层面上要求各级人民政府把农村环境保护纳入本级财政预算，从制度上保证了农村水污染治理资金稳定的增量来源，让各级人民政府在考核压力下，协调本辖区的财权与事权分配。

2）明确技术路线，因地制宜开展生活污水和畜禽散养污染治理

从法律上确定责任主体，仅仅是原则上的一次确责，有效开展治理，还需要了解我国农村水污染的国情，重视农村水污染治理技术路线的顶层设计。

得益于国外先进经验的启示，即使是最发达的西方国家，也把农村分散污水处理放在与城市污水集中处理同样重要的位置。我国农村生活污水和畜禽散养污水污染治理技术路线中最为骨干的技术路线就是“分散处理与集中处理”的模式选择。在治污实践基础上，在行政法律层次的《农村环境保护条例》中确定农村污水治理的技术路线，有利于克服各技术指导文件政出多门的乱状，提高立法层次，保证《条例》的连贯性和完整性。

建议写入“地方各级人民政府因地制宜，根据不同地区的农村自然经济情况，以及环境承载能力差异，采取不同的农村环境保护对策和措施。鼓励遵循以分散处理为主、分散处理与集中处理相结合的原则进行农村水污染防治”。

3）建立政府主导、民众参与、社会支持的机制

“加强监管能力”和“自主管理能力”是利益相关者影响力实证分析得出的重要结论。

（1）建议写入：国家允许农村基层环保机构薄弱的省区市适当放开乡镇环保人员的编制或以其他合理的方式健全农村基层环保机构。

2006 年 10 月，国务院发布的《关于做好农村综合改革工作有关问题的通知》（以下简称《通知》）指出了我国乡镇机构改革的方向，《通知》明确提出：“要合理调整乡镇政府机构，严格控制领导职数，改革和整合乡镇事业站所，创新服务方式。全面推行乡镇人员编制实名制管理，建立编制、人事、财政等部门协调机制，确保五年内乡镇机构编制和财政供养人数只减不增。”可见我国目前乡镇级基层环保机构的改革方向与农村环境保护所面临的任务严重不相适应，制约了我国水污染的环境保护事业的发展。

乡镇基层环保力量处于一线地位，其监督队伍与机制建设直接决定了农村环境保护的好坏。针对基层环保机构的缺失，在环保部 2010 年开展的

农村环境整片整治试点的农村环境连片综合整治与成效评估指标体系中，有这么一项：乡镇环境保护机构要健全，即项目所在的乡镇政府保护工作“有机构、有人管、有人干”。所以，推进农村基层环境保护机构编制改革，壮大农村环境保护队伍，对农村环境保护意义很大。《条例》加快机制体制创新步伐，结合农村水污染治理的实际形势，应该对“基层环保队伍建设”加以确定。

（2）建议写入：国家鼓励农村环保自治组织建立村规民约，通过自我管理方式参与农村环境保护。地方各级人民政府有加大宣传农村环境保护和教育农村居民环保意识的义务，提高农民参与农村环境保护的积极性和主动性，推广健康文明的生产生活方式。

农村环境保护是一项系统的工程，不能仅仅依靠“自上而下”的政府考核机制强行推行，还需要发挥农民的“自下而上”能动主体作用。农村社区居民在农村水环境防治中有着污染“制造者”、“受害者”和“旁观者”的多重角色，重视农村居民环境自治的重要性，特别是在我国环保基层建设尚未完善、农村监管能力尚处薄弱之时，重视农村居民环境自治，对提高农村村民的环保意识显得尤为重要。因为随着机构改革，特别是农业税取消后为适应农村新情况开展的乡镇配套改革以来，县、乡（镇）两级政府已形成“小政府，大社会，大服务”的模式。环保部门人员少，短期内不可能迅速增加，而广大农村又是县、乡（镇）两级政府监管的重点和难点。农村环保自治力量的充实，可使监管触角延伸到乡镇和村组，补充政府环境监管能力的不足。

（3）建议写入：国家鼓励并大力支持建立农村水污染防治专业化、社会化技术服务机构，鼓励专业技术服务机构参与农村水污染防治，提高农村生活污染防治水平。国家鼓励和支持农业生产者和相关企业采用适用技术，对人畜粪便进行开发利用，开发利用沼气清洁能源。

农村环保科技支撑薄弱，宣传培训亟待加强。由于多种因素，农村环境保护工作尚未建立起配套的科技支撑体系。农村环保多是直接套用城市环保的办法，很少重视科技创新，缺乏适应农村区域特点的农村环保适用技术。农村地区的环保宣传教育和培训还很有限，导致一些干部、群众的环境法制观念不强，环境意识淡薄。所以，有必要建议“国家鼓励并大力支持建立农村生活污水和畜禽散养污水污染防治专业化、社会化技术服务机构，鼓励专业技术服务机构参与农村污染防治，提高农村生活污染防治水平。国家鼓励和支持农业生产者和相关企业采用适用技术，对人畜粪便进行开发利用，开发利用沼气清洁能源。”

2. 完善畜禽散养污水防治法律体系的导向建议

1）修改《畜禽养殖污染防治管理办法》的建议

针对《畜禽养殖污染防治管理办法》提出如下修改意见。

建议修改：“第十九条 本办法中的畜禽养殖场，是指常年存栏量为500头以上的猪、3万羽以上的鸡和100头以上的牛的畜禽养殖场，以及达到规定规模标准的其他类型的畜禽养殖场。其他类型的畜禽养殖场的规模标准，由省级环境保护行政主管部门根据本地区实际，参照上述标准做出规定。”

建议修改：“第三条 本办法适用于中华人民共和国境内畜禽养殖场的污染防治。畜禽放养不适用本办法。”

“规模化”养殖的标准，是环保主管部门为畜禽污染管理的需要而确定的量化数值，我国选择以“污染物排放的浓度标准”作为排污许可的模式选择，是由我国国情决定的。但是单调地以年存栏量为500头以上的猪、3万羽以上的鸡和100头以上的牛等作为规模与非规模化的划分标准有失科学性。一是其标准过高，部分畜禽养殖场可以“合理”地规避法律的约束；二是存在部分养殖大户和养殖企业不惜拆分养殖规模，从而合理低于当地的养殖规模化划分标准。所以，对《畜禽养殖污染防治管理办法》中的规模化养殖的标准有必要进行调整。

国家环保部在《畜禽养殖业污染物排放标准》的附加说明中提及“综合考虑当前我国畜禽养殖业污染治理的技术可行性和经济条件，要求经济实力较强的大型养殖场先进行排污控制是可行的。”由此可见，制定规模化养殖界线的主要依据是“经济实力”，而不是环境污染承载力。这与国外发达国家把环境保护摆在突出重要位置、直接规定一定面积土地上允许的最大饲养量的立法理念有着相当大的差距。

随着转变畜禽发展方式口号，将环境保护放在畜禽养殖污染防治的优先位置是借鉴国外先进经验得出的重要启示。下文将选取生猪养殖为代表（其他不同畜禽种类可按相关系数互换），选取环保部颁布的畜禽养殖排污系数表为评估系数（见表 3-8），COD 为污染指标，估算各种生猪养殖规模的污染风险。

表 3-8　畜禽养殖污染物排放量的临界估计

项　目	养殖场规模				
	单位	50 头	100 头	200 头	300 头
粪（kg/日）	2.0	60.0	200.0	400.0	600.0
尿（kg/日）	3.3	165.0	330.0	660.0	990.0
猪粪 COD 平均含量（kg/吨）	52.0	3.12	10.4	20.80	31.20
猪尿 COD 平均含量（kg/吨）	9.0	1.49	2.97	5.94	8.91
污水 COD 排放负荷（kg/日）	0.13	8.61	17.87	31.50	43.11

在太湖水污染防治中，国务院要求日排放废水 100 吨或 COD 在 30kg 以上的重点排污单位实现达标排放。若以此为标准，可见 150～200 头生猪

养殖规模的COD排放负荷已经接近或超过这一水平。

在建设资源节约型、环境友好型社会大背景下，以生猪养殖为例，规模化养殖的标准应该降至150头或者100头，甚至更低（污染风险如前文所述）。对于低于新规模化标准的畜禽散养户，还应划分畜禽散养户（污染风险小）与畜禽专业户（污染风险仍较大）两类，畜禽散养户由于受竞争机制影响，规模不会扩大，所以污染风险较小，周边的环境容量基本可以承载；畜禽专业户的污染防治任务仍然较大，当前和今后一个时期，畜禽养殖专业户仍然是我国的生产主体，在加快转变畜牧发展方式的过渡时期，需要对排污行为做出规定，但最终还是要利用市场经济的竞争机制，让其过渡成为规模化养殖场或者退为畜禽散养户。

所以，建议修改《畜禽养殖污染防治管理办法》的第十九条。参考各地对畜禽养殖场的规定，降低对畜禽养殖场的定义，研究认为，规模化的标准应以存栏折算量为100头以上的生猪量为宜。

为突出“分类管理”，建议写入：“地方政府根据本区域情况，对所管辖区域的畜禽养殖进行等级规模划分，实行分类管理，鼓励地方政府积极探索畜禽养殖规模分级制度，因地制宜地细化各级规模的排污标准。规范发展大、中型畜禽养殖场，限制和调整小型畜禽养殖场，对农民家庭散养家禽予以指导。”

2）完善《畜禽养殖业污染防治技术规范》的建议

内外关于养殖排污允许的规定主要分为两种：一种是规定污染物排放的浓度标准；另一种是直接规定一定面积土地上允许的最大饲养量（农牧结合、种养平衡）。在操作上，我国实际上采用了规定污染物排放的浓度标准这一养殖排污许可的模式，这是由我国国情决定的。但是，越来越严峻的农村畜禽散养污染治理形势，“农牧结合、种养平衡”也将日益提上议事日程。

早在 2001 年，国家前环保总局颁布的《畜禽养殖业污染防治技术规范》中的技术原则中提及“畜禽养殖场的建设应坚持农牧结合、种养平衡的原则”；2004 年国家前环保总局颁布的《畜禽养殖污染防治管理办法》中也提到，地方县级以上各级人民政府农业主管部门应根据所管辖区域的环境容量制定畜禽养殖发展规划，对所管辖区域的环境功能区合理划分禁养区、限养区和适养区等区域。这主要是为了弥补“规定污染物排放的浓度标准”这一模式的缺陷，兼顾“直接规定一定面积土地上允许的最大饲养量”这一模式的优点。但在农牧结合的问题上，我国法律规范只有粗放性的原则，污染控制细则仍不完善，并不具有可行性。

建议加快完善《畜禽养殖业污染防治技术规范》，制定农牧结合的具体性指导规范，包括土地消纳能力的规定和测算、消纳土地面积测算规范、土地附作物消纳能力测算等，然后通过立法制定养殖业载畜量标准和粪便还田的限量标准，以达到控制畜禽散养污染的目的。

3.4.3　政策导向建议

前文所述仅仅是从法律的角度提出新增《农村环境保护条例》，修改《畜禽养殖污染防治管理办法》，加快完善《畜禽养殖业污染防治技术规范》等骨干法律的建议，一定程度上，解决农村污水污染面临“无法可依”的困境。但是由于法律的特性，立法技术上总有“宜粗不宜细”的指导思想，法律关于行政权责的规定常常比较原则、抽象，法律自身并不会推动农村污水污染防治，因而还需要由我国环境保护主管部门进一步具体化，即在主导法律指导下，制定相关配套政策，通过一套有主有辅、主辅协调的完整的法律体系，推动农村环境保护建设。

1. 健全以“财政奖励”引导的政策建议导向

完善“以奖代补”的建议，具体如下。“以奖代补、以奖促治”政策制定的初衷良好，但是由于农村环境内嵌于我国“三农”改革的时代背景，“以奖代补、以奖促治”政策制定时的主观动机与实际执行效果还存在一定的差距，仍需要在实践当中深化认识，逐步完善。

所以，建议从以下方面完善“以奖代补、以奖促治”的政策，以达到更好地解决农村水环境污染防治的目的。

（1）建议尽快建立农村环境综合整治目标责任制，以配套“以奖代补、以奖促治”政策的使用，形成协调的事权与财权分配机制。

（2）建立更科学的“以奖代补、以奖促治”专项资金投入结构，地方政府要成立农村水污染治理专项资金，并优化农村水污染专项资金支出的结构，做好农村水污染防治规划，以点带面，逐步治理。

（3）建立合理的资金投入制度安排。重视促进和鼓励社会资金投入，充分发挥财政专项资金投入的种子作用。加快研究制定乡镇和村庄两级投入制度，完善农村基础设施建设的后期运行与管理机制。

2. 建立科学农村水污染治理的考核制度体系

由于法律与政策的不完善，我国目前农村环境保护仍未列入地方政府的考核体系，许多地方政府对农村水污染治理心中没有一个明确的治理规划，众多的治污行为只是为了配套“自上而下”的治污项目，对治污效果并不重视，对治污长效机制也不重视。推行科学的政绩考核制度，能够从战略上将农村水环境效益与政府政绩挂钩。2008 年 7 月，李克强副总理在全国农村环境保护工作电视会议上明确指出：“地方政府是农村环境保护的责任主体，要把农村环境保护工作摆上重要议事日程，加强组织领导，完善政策措施，落实目标责任制。”

实践证明，将环境保护纳入整个地方政府行政的日程可取得以下几方面的成效：一是有利于明确地方各级人民政府（市、县、镇三级）在农村环境的权利、义务和责任，理顺不同行政级别的政府和部门在环境保护环境方面的关系；二是明确农村环境综合整治专项资金的途径和来源；三是提高政府各级领导对农村环保工作重要性的认识；四是确保“以奖促治”等国家重大政策措施的有效落实。

农村水污染考核制度作为推动农村水污染防治的一个重要抓手，有着重要的意义。建立科学合理、架构有序的农村环境综合整治目标责任制，将成为进一步健全农村环境保护工作体制机制、完善农村环境环保管理制度的重要措施，也成为促进农村地区环境保护与建设，根本改善农村环境质量的重要手段。

3. 优化财政支出结构，加强农村水污染防治规划

借助后发的优势，在污水设施选择上要有适当的超前意识，是我国借鉴国外先进经验得出的重要启示。

农村水污染风险治理近年来逐渐引起各级政府的关注，特别是在一些统筹城乡和环保模范城市的试点区域，由于对农村生活污水治理认识不清，为完成年度指标，农村污水治理项目仓促开展，初期治理面铺得很大。由于缺乏规划和通盘考虑，一方面，造成相关行政管理机构人手紧张，疲于应付，导致宏观把握不力，微观指导不针对；另一方面，造成财政紧张，后续项目资金难以维继，加之镇（街）重视程度、管理水平不一，造成进度不平衡，监管不到位，技术标准失范，出现质量问题，甚至造成浪费。以调研区域浙江省义乌市为例，2006 年，义乌市共下达计划实施项目村 228 个，计划年处理生活污水 485 万吨，受益人口 17 万人。但截至 2006 年年底，由于财政不继，开工率不过半数，而且完成工程中有很大一部分的生活污水处理项目没有通过验收。

财政投入是利益相关者中政府（管理者）群体影响决策目标实现而可动用的最重要的资源，但是基于我国农村污水处理设施资金投入的缺口太大，村镇和农民投入的机制还没有进一步形成，市场尚不活跃，社会资金少的情况下，加强农村污水治理设施的治理规划，优化财政短期、长期的支出结构显得十分必要。

没有充分认识农村生活污水治理是一项长期工程，缺乏因地制宜的统筹规划，是发生上述现象的主要原因。加强农村环境治理综合规划是加强农村环境治理的科技支撑的应有之义，只有加强农村生活污水的污染防治综合规划，才能发挥财政的效用，才能又好又快地开展农村污水污染治理。

建议地方政府农村环境主管部门宜在对辖区农村情况进行调查摸底的基础上，根据辖区农村的经济社会发展水平、区域所在、自然地理条件和居民点规划特点等，从实际出发，因地制宜，结合辖区财力，制定辖区的农村生活污水综合治理规划。规划应该遵循突出重点、以点带面、逐步推进、以“建”为先、以“管”为重的原则。

4. 积极引入市场机制，重视社会力量参与治理

“庇古税”和“科斯定理”证明市场机制在环境治理中有着重要的作用，从西方发达国家的农村水污染治理情况来看，西方发达国家基本上都建立起政府与市场分权、多方共同参与水环境管理的模式。

我国农村水污染治理涉及3.8万多个乡镇、68万多个村、7亿多农村群众的基础设施和公共服务，任务十分艰巨，资金缺口非常大，完全依靠财政投入远远不够，还需要大力引入丰裕的社会资本，但社会资本因缺乏利益诱导和存在体制障碍而不能进入农村环保基层设施建设领域。把脉问诊，关键存在以下几方面问题。其一，最主要原因是农村基础设施可经营性项

目较少，想要吸引社会资金进入，需要政府提供更多优惠，有的甚至还需要政府承担购买或投资的责任；其二，即使存在一些经营性较强的项目，由于初期投资大，收益缓慢，社会资金难以树立信心，往往需要政府承担起初期建设任务，然后转让给企业；其三，农村基础设施涉及村庄布局、农村经济利益、土地制度等，协调程序复杂，企业单方力量薄弱，难以统筹大局。

2010年5月，《关于鼓励和引导民间投资健康发展的若干意见》的出台，以及2010年12月中央经济会议召开释放出“把信贷资金更多投向实体经济，特别是三农和中小企业”的信号，为社会资金加入农村环保设施建设提供了良好的经济政策背景。

政府从体制、政策、资金、服务等方面，多手段构筑综合平台，对引导社会力量利益相关者参与农村污水防治有着重要意义。建议深化改革，加快体制与机制创新，降低农村水污染防治产业化和市场进入的门槛，扶持社会资金参与农村污水治理基础设施的建设、管理和运营。对进入的社会资本要完善税收优惠政策，可考虑税收减免；加大农村金融的扶持，对企业投资农村生活污水建设的贷款提供帮助，参照中、小企业融资担保的方式给予担保；在土地制度、基础要素投入等方面给予审批优先、程序简化的支持等。

5. 推动公众参与，发挥基础性作用，形成长效机制

作为农村水污染公共治理不可忽视的重要力量，农村社区居民理应在农村污水治理中发挥更大的作用。“以奖促治”作为一种激励机制，通过奖励方式促进多方资金投入，但是这种激励方式作用是有限的，在短期内效果比较显著，一旦资金注入停止，农村社区居民可能无法继续对农村公共物品进行有效管理和使用。

国外先进经验表明，在治污设施建设完成后，组织管理机制成为不可逃避的问题。因此，国外普遍通过将农村污水污染外部性内部化的途径解决管理机制的问题。所谓内部化途径是指产业化运作，以用户为主体，政府给予一定补贴，向第三方服务机构购买治污服务，第三方机构则通过收费方式解决治污设施运行与维护的资金问题。

我国农村水污染治理才刚刚起步，治污需方——乡镇和村庄两级投入制度尚未形成，直接导致农村水污染治理难以形成产业态势、治污设施建设和管理主体关系不明确、社会资金难以进入、农村水环境监督力量薄弱等问题。

所以，提高农村社区居民利益相关者参与农村水污染治理积极性，加快形成乡镇和村庄两级投入制度是突破口，形成农村污水环境自主组织是关键。建议加快对试点村庄投入机制的研究和经验总结，鼓励农村社区居民对农村水环境自我管理，必要时，政府可以通过对村规民约进行合理审慎的示范和引导，逐步实现由政府外在强制治理向乡土自生内在自发治理转变。

第4章 农村生活源水污染风险管理技术政策

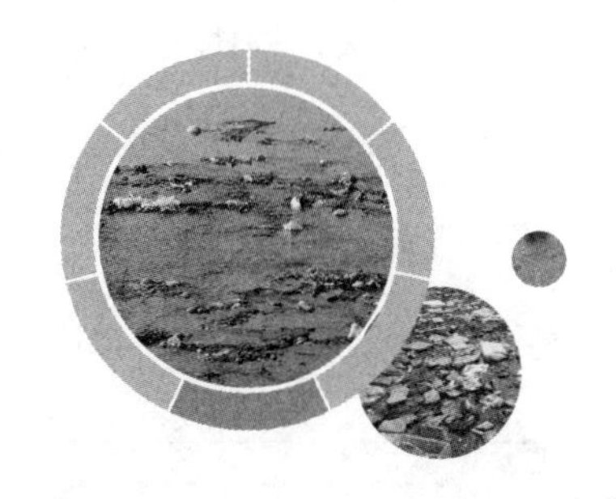

4.1 引言

本章通过实地调研、调查问卷的方式调查农村生活和散养畜禽污水排放、处理现状，在对农村生活和散养畜禽污水各种处理技术和方法的优缺点、适用范围作出综合评价的基础上，筛选确定出农村生活和散养畜禽污水处理常用的七种工程技术和五项评价技术指标，建立工程技术筛选评价指标体系。本章还利用灰色理论法确定指标的权重，对待选的工程技术方案进行评价筛选，针对不同的自然环境和社会经济环境，筛选出符合研究区特点的农村生活与散养畜禽污水处理技术。

本部分内容力求从技术层面探讨降低农村生活污水与农村散养畜禽

污水污染风险的政策建议，通过筛选农村水环境综合治理工程措施来防控各种污染风险。本章采用的主要方法为文献查询法、调查研究法、层次分析法、专家打分法等。通过构建最佳工程技术筛选指标体系，借助层次分析法，根据专家打分确定工程技术指标体系各指标的权重，以灰色理论关联系数法构建工程筛选模型，经过综合分析得出最佳推荐的农村生活和散养畜禽污水处理工程技术。如图 4-1 所示为农村生活和畜禽养殖污水工程技术筛选指标体系流程。

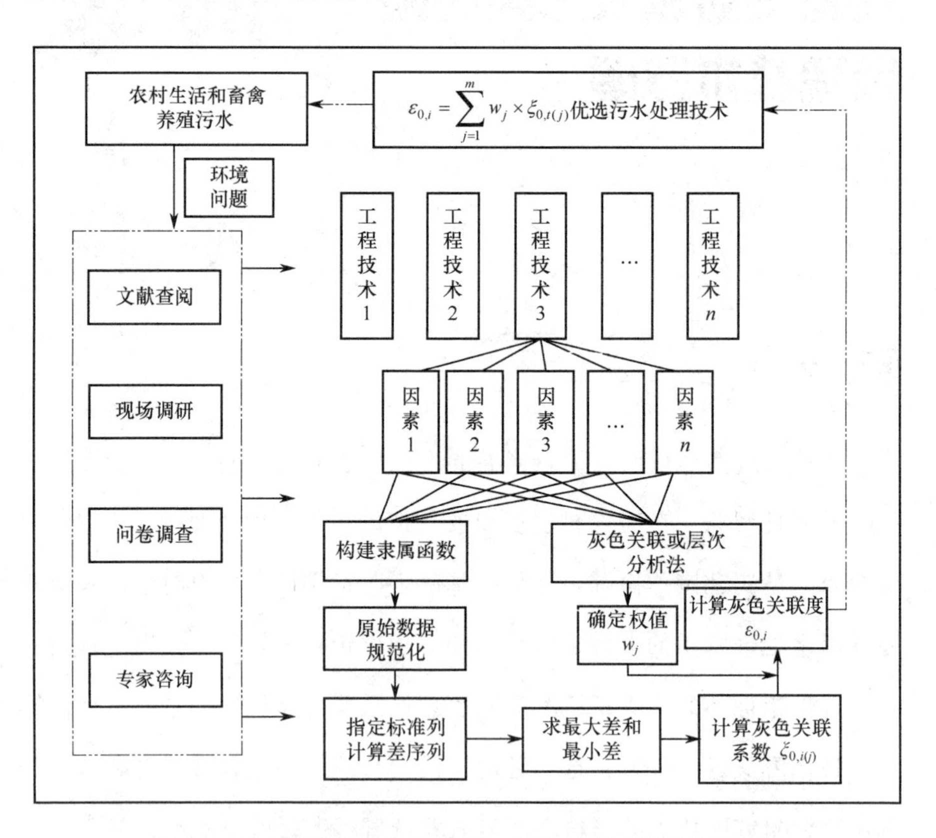

图 4-1　农村生活和畜禽养殖污水工程技术筛选指标体系流程

4.2　农村生活和散养畜禽污水处理工程技术筛选

4.2.1　农村污水处理工程技术筛选指标体系及模型构建

在实地调研中，农村生活污水排放管道和农村散养畜禽污水排放管道为同一排污管道，由于农村生活与散养畜禽污水具有浓度低、间歇排放排量少且分散这一特点，所以本书中农村生活与散养畜禽污水合并构建同一工程技术筛选指标体系。

灰色系统理论（Grey Theory）是由著名学者邓聚龙教授首创的一种系统科学理论，其中的灰色关联分析是根据各因素变化曲线几何形状的相似程度，来判断因素之间关联程度的方法。它是一门研究信息部分清楚、部分不清楚并带有不确定性现象的应用数学学科。

灰色关联分析是指对一个系统发展变化态势进行定量描述和比较的方法，其基本思想是通过确定参考数据列和若干个比较数据列的几何形状相似程度来判断其联系是否紧密，它反映了曲线间的关联程度。

用灰色理论方法建立农村生活和畜禽养殖污水工程技术筛选指标体系的建模过程主要由以下8步组成。

1. 构造备选工艺方案比较数列和参比数列

由各备选方案的决策指标因子构成比较数列：

$$x_i(j)=\left\{x_i(1),x_i(2),\cdots,x_i(n)\right\}$$

i=1,2,⋯,m　（i代表备选工艺方案，下同）

j=1,2,⋯,n　（j代表指标因子，下同）

由各备选方案在决策指标下的最优值，确定假定最优方案，构成参比数列：

$$x_0(j)=\left\{x_0(1),x_0(2),\cdots,x_0(n)\right\}$$

$$j=1,2,\cdots,n$$

2. 对比较数列和参比数列数据的规范化处理

对于取值越大越好的效益型事件，其比较数列规范化公式为

$$x_i^{'}(j)=\frac{x_i(j)}{x_0(j)}$$

对于取值越小越好的成本型事件，其比较数列规范化公式为

$$x_i^{'}(j)=\frac{x_0(j)}{x_i(j)}$$

参比数列规范化后为

$$x_0^{'}(j)=\frac{x_0(j)}{x_0(j)}=\left\{1,1,1,1,1\right\}$$

3. 差序列计算

计算参比数列与比较数列在对应点的绝对差：

$$\Delta_i(j)=\left|x_0^{'}(j)-x_i^{'}(j)\right|$$

4. 求绝对差的最大差与最小差

$$\Delta_{\min}=\min_{i,j}\Delta_i(j)=\min_i\left\{\min_j\left|x_0^{'}(j)-x_i^{'}(j)\right|\right\}=\min_i\left\{\min_j\left|1-x_i^{'}(j)\right|\right\}=0$$

$$\Delta_{\max}=\max_{i,j}\Delta_i(j)=\max_i\left\{\max_j\left|x_0^{'}(j)-x_i^{'}(j)\right|\right\}=\max_i\left\{\max_j\left|1-x_i^{'}(j)\right|\right\}$$

5. 计算备选工艺灰色关联系数 $\xi_i(j)$

$$\xi_i(j)=\frac{\Delta_{\min}+\rho\Delta_{\max}}{\Delta_i(j)+\rho\Delta_{\max}}$$

式中，ρ 为分辨系数，$\rho\in[0,1]$，一般 $\rho=0.5$。

6. 灰色关联分析法各指标权值的确定

（1）采用专家赋权的方法。

邀请 t 位专家对 j 个指标因子进行赋权（权值范围 0～1），赋权结果形成比较数列：

$$w_j(k)=\left\{w_j(1),w_j(2),\cdots,w_j(t)\right\}$$

j=1,2,⋯,n

k=1,2,⋯,t （k 代表参与赋权的专家数量，下同）

在 t 位专家对 j 个指标因子所赋的权重中，将权重最大值选出，由其构成参比数列：

$$w_0(k)=\left\{\max w_j(k),\max w_j(k),\cdots,\max w_j(k)\right\}$$

j=1,2,⋯,n

k=1,2,⋯,t

（2）计算差序列。

计算参比数列与比较数列在对应点的绝对差：

$$\Delta_j(k)=\left|w_0(k)-w_i(k)\right|$$

（3）求绝对差的最大差与最小差。

$$\Delta_{\min}=\min_{j,k}\Delta_j(k)=\min_{j}\left\{\min_{k}\left|w_0(k)-w_j(k)\right|\right\}=\min_{j}\left\{\min_{k}\left|1-w_j(k)\right|\right\}=0$$

$$\Delta_{\max}=\max_{j,k}\Delta_j(k)=\max_{j}\left\{\max_{k}\left|w_0(k)-w_j(k)\right|\right\}=\max_{j}\left\{\max_{k}\left|1-w_j(k)\right|\right\}$$

（4）计算灰色关联系数 $\xi_j(k)$。

$$\xi_j(k)=\frac{\Delta_{\min}+\rho\Delta_{\max}}{\Delta_j(k)+\rho\Delta_{\max}}$$

式中，ρ 为分辨系数，$\rho\in[0,1]$，一般 ρ=0.5。

（5）计算灰色关联度。

灰色关联度 r_j 的计算公式为

$$r_j = \frac{1}{t}\sum_{k=1}^{t}\xi_j(k) = \frac{1}{t}\sum_{k=1}^{t}\frac{\Delta_{\min} + \rho\Delta_{\max}}{\Delta_j(k) + \rho\Delta_{\max}}$$

（6）经过归一化后得到 j 个指标因子的权值 w_j。

$$w_j = \frac{r_j}{\sum_{j=1}^{n} r_j}$$

7. 计算灰色关联度

$$\varepsilon_i = \sum_{j=1}^{n}\xi_i(j) \times w_j$$

8. 确定优选工程

根据关联度大小确定优先选择处理工程技术，关联度大者为优选的农村生活和畜禽养殖污水处理工程技术。

4.2.2 农村生活和畜禽养殖污水处理工程备选技术

采用农村生活污水技术筛选指标体系对该村镇的生活污水处理工程候选方案进行优化决策，推荐优选方案。候选工程技术有人工湿地、稳定塘、沼气池、生物膜法（滴滤池）、化粪池、氧化沟及 A^2/O，下面简要分析各种处理技术的原理及优缺点。

1. 人工湿地

人工湿地是由人工建造和控制运行的与沼泽地类似的地面，将污水、污泥按比例投配到经人工建造的湿地上，污水与污泥在沿一定方向流动的过程中，主要利用土壤、人工介质、植物，以及微生物的物理、化学、生物三重协同作用，对污水、污泥进行处理的一种技术。其作用机理包括吸附、滞留、过滤、氧化还原、沉淀、微生物分解、转化、植物遮蔽、残留物积累、蒸腾水分和养分吸收及各类动物的作用。

1）优缺点

人工湿地处理系统同时具有缓冲容量大、处理效果好、工艺简单、投资少、运行费用低等优点，非常适合中、小型村庄生活污水的集中处理。

人工湿地的缺点是负荷低，北方地区冬季表面会结冰，夏季会滋生蚊蝇、散发臭味。

2）适用范围

人工湿地污水处理技术易受气候条件影响，南北差异较大，北方大部分地区冬季温度较低，难以维持生态系统的正常运行或保证污水处理效果。因此，在选用该技术时，要选取合适的植物，并且要充分考虑项目地植物过冬问题。

该处理技术适用于农村集中式和分散式污水处理，根据各地土地充裕情况、居住方式和经济状况而定。对于居住较为分散、土地宽裕的村庄，可选用分散式处理方式，以户为单位，充分利用农村零星空地，建设小规模湿地处理系统，可同时满足净化污水和美化环境的效果。集中式处理系统，更适宜于居住集中、土地有限的农村，尤其是撤村并镇和新建的农村社区，各户将污水通过管网或沟渠排入处理系统集中处理。

该技术对于项目地形条件的要求较为宽松，设计时可因地制宜。

2. 稳定塘（氧化塘）

稳定塘法是一种综合利用固定塘内的微生物和藻类共生系统对污水和有机废水进行生物处理的方法。

1）优缺点

稳定塘法的优点是基建投资和运转费用低、维护和维修简单、便于操作、能有效去除污水中的有机物和病原体、无须污泥处理。

稳定塘法的缺点是占地面积大、污水净化效果不够稳定、防渗处理不当会造成地下水污染、易散发臭气和滋生蚊蝇。

2）适用范围

稳定塘适宜在地形平坦、土地资源较好、土壤地质条件好、经济条件一般的地区修建。

3. 沼气池

生活污水净化沼气池是分散处理生活污水的新型构筑物，适用于近期无力修建污水处理厂的城镇，或者城镇污水管网以外的单位、办公楼、居民点、旅游景点、住宅、宾馆、学校和公共厕所等。研究表明，冬季地下水温能保持 5℃～9℃及以上的地区，或在池上建日光温室升温可达此温度的地区，均可使用该净化池来处理生活污水和粪便。

1）优缺点

生活污水净化沼气池将分散的生活污水在源头处理，改善了居住条件，保护了环境卫生，美化了城市。同时经处理的污水，可直接用于农田灌溉或排入江河水域中，减轻了水体富营养化，有利于保护水源清洁，具有良好的环保效果。用这种方法来处理城镇生活污水，投资少，见效快。由于经过厌氧处理，使得污泥量减少 95%，清运污泥量随之减少，缓解了城市目前运粪难的矛盾。

沼气池的缺点是温度无法控制，工作条件难以保证；臭味大，净化速率低，污水停留时间长。

2）适用范围

沼气池适用于经济条件一般，以及对氮、磷去除有一定要求的村庄。

4. 生物膜（滴滤池）

生物膜法是与活性污泥法并列的一类废水好氧生物处理技术，是一种固定膜法，是生物净化过程的人工化和强化，主要去除废水中溶解性的、胶体状的有机污染物。

1）优缺点

生物膜法具有如下优点：对水量、水质、水温变动适应性强；处理效果好并具良好的硝化功能；污泥量小（约为活性污泥法的3/4）且易于固液分离；处理效率高，耐冲击负荷性能好；占地面积少，动力费用省，便于运行管理等。

生物膜法的缺点是载体材料的比表面积小，设备容积负荷有限，空间效率较低；卫生条件较差，占地较大。

2）适用范围

生物膜法适宜中、小规模的污水处理，可用于处理低浓度的污水，更适合用于经济条件较好的村镇。

5. 化粪池

化粪池是处理粪便并加以过滤沉淀的设备。其原理是固化物在池底分解，上层的水化物体进入管道流走，防止管道堵塞，给固化物体（粪便等垃圾）充足的时间水解。化粪池指的是将生活污水分格沉淀、对污泥进行厌氧消化的小型处理构筑物。

1）优缺点

化粪池可以保障生活社区的环境卫生，避免生活污水及污染物在居住环境的扩散；在化粪池厌氧腐化的工作环境中，杀灭蚊蝇虫卵；可以临时性储存污泥；可对生活污水进行预处理（一级处理），沉淀杂质，并使大分子有机物水解，成为酸、醇等小分子有机物，改善后续的污水处理。

化粪池如果没有及时清掏，当化粪池沉积污泥超过水洞口的高度时，污泥就会堵塞洞口，造成化粪池堵塞，同时化粪池内污泥的处置也是需要解决的问题。

2）适用范围

化粪池用于去除生活污水中悬浮性有机物，适宜中小规模的污水处理及经济条件一般的村镇。

6. 氧化沟

氧化沟是一种活性污泥处理系统，其曝气池呈封闭的沟渠型，所以它在水力流态上不同于传统的活性污泥法，它是一种首尾相连的循环流曝气沟渠，又称循环曝气池。

1）优缺点

氧化沟的优点如下：具有较长的水力停留时间、较低的有机负荷和较长的污泥龄；相比传统活性污泥法，可以省略调节池、初沉池、污泥消化池，有的还可以省略二沉池；处理效果较好，流程简单，操作管理方便；出水水质好，工艺可靠性强；基建投资省，运行费用低等。

但是，在实际运行过程中，氧化沟仍存在如污泥膨胀、泡沫问题、污泥上浮、流速不均及污泥沉积等问题，对于BOD较小的水质完全没有处理能力。

2）适用范围

氧化沟对水质有一定的要求，适宜中小规模的污水处理，对于经济条件较好的村镇更为适宜。

7. A^2/O

A^2/O 也就是厌氧—缺氧—好氧法，它是生物脱氮除磷工艺的简称。这是一种常用的污水处理工艺，可用于二级污水处理或三级污水处理，以及中水回用，具有良好的脱氮除磷效果。

1）优缺点

本工艺可以称为最简单的同步脱氮除磷工艺，总的水力停留时间少于其他同类工艺；在厌氧（缺氧）、好氧交替运行条件下，丝状菌不能大量增殖，无污泥膨胀之虞，SVI值一般小于100；污泥中含磷浓度高，具有很高的肥效；运行中不需要投药，两个A段只用轻缓搅拌，以不增加溶解氧为考量，运行费用低。

A^2/O的缺点主要包括：除磷效果难以再提高，污泥增长有一定的限度，不易提高，特别是当P/BOD值高时更是如此；脱氮效果也难以进一步提高，内循环量一般以2Q（Q为原污水量）为限，不宜太高；进入沉淀池的处理水要保持一定浓度的溶解氧，减少停留时间，防止产生厌氧状态和污泥释放磷的现象出现，但溶解氧浓度也不宜过高，以防循环混合液对缺氧反应器的干扰；传统A^2/O工艺出水只能达到一级B标准。

2）适用范围

A^2/O法一般适用于要求脱氮除磷的大中型污水厂。对目前我国国情来说，当处理后的污水排入封闭性水体或缓流水体引起富营养化，从而影响给水水源时，才采用该工艺。

4.2.3　农村生活污水处理工程技术筛选模型实例研究

本书以某一农村为例，运用灰色关联分析法进行候选方案的优化决策，推荐优选方案，尝试一种能够提高决策质量、缩短决策时间的较可靠的工艺。

南方某农村，人口为500人，经济条件一般，有简单的室内卫生设施，排水量约为100L/人·d，散养畜禽产生污水与生活污水合并处理。该农村产生的污水量Q=50m^3/d。根据实际情况考虑以下7种候选方案，人工湿地、稳定塘、沼气池、滴滤池、化粪池、氧化沟和A^2/O，方案比选如表4-1所示。

表 4-1　候选方案及理想方案评价比选表

方案名称	理想方案	人工湿地	稳定塘	沼气池	滴滤池	化粪池	氧化沟	A^2/O
方案编号	S0	S1	S2	S3	S4	S5	S6	S7
项目投资（万元）	10	38.47	35.61	12	42.53	10	45.4	46.49
运营成本（万元/年）	1.3	1.92	1.92	1.3	2.19	2	18.84	18.84
占地面积（m^2）	14.1	100	41.6	766.5	38	200	14.1	14.86
处理效果	84	68	62	55	71	58	78	84
操作难易程度	78	76	78	78	73	78	56	54

注：表中处理效果：优 80～100 分，良 60～80 分，中 40～60 分，较差 20～40 分，差 0～20 分；经济发达程度、工艺流程、操作难易程度：易 80～100 分，较易 60～80 分，一般 40～60 分，较难 20～40 分，难 0～20 分；工艺成熟性：优 80～100 分，良 60～80 分，中 40～60 分，较差 20～40 分；差 0～20 分。

1. 候选工程技术各指标值的计算

以研究所选的南方农村人口 500 人为单位，经济条件一般，有简单的室内卫生设施，排水量为 100L/人·d，每日产生的污水量 Q=50m^3/d。计算每 500 人的候选工程技术的关联系数。

1）人工湿地

项目投资：38.47 万元。

户均投资 800 元，户均人口按 3.5 人计，需要 11.42 万元；管网投资费用 500 元/米，排污处距离污水处理设施的平均距离为 500 米，管网投资费用 500 × 500=25 万元；500 米共设检查井 17 个，检查井的建造费用为 1200 元/个，检查井的建造费用 1200 × 17=2.04 万元；共计 11.42 + 25 + 2.04 = 38.47 万元。

运营成本：1.92 万元。

工人工资费用 800/人，需要两个人进行日常维护，年运行成本为 800 × 2 × 12=1.92 万元。

人均占地面积：100m^2。

人工湿地水力停留时间不小于 24h，水力负荷 0.2～0.6$m^3/m^2 \cdot d$；取人工湿地的水力负荷为 0.5$m^3/m^2 \cdot d$，农村人口为 500 人，用水量按 100L/人·d，则产生污水量为 50m^3。

人工湿地的面积：1/0.5×50=100 m^2。

处理效果：良。

操作难易程度：较易。

2）稳定塘

项目投资：35.61 万元。

户均投资 600 元，户均人口按 3.5 人计，需要 8.57 万元；管网投资费用为 500 元/米，排污处距离污水处理设施的平均距离为 500 米，管网投资费用为 500 × 500 = 25 万元；500 米共设检查井 17 个，检查井的建造费用为 1200 元/个，检查井的建造费用为 1200 × 17 = 2.04 万元；共计 8.57 + 25 + 2.04 = 35.61 万元。

运营成本：1.92 万元。

工人工资费用 800/人，需要两个人进行日常维护，年运行成本为 800 × 2 × 12=1.92 万元。

占地面积：41.6m^2。

稳定塘停留时间按 24h 计算，$V = Q/t = 50/1 = 50m^3$，塘深 h 取 1.2m，$A = V/h = 50/1.2 = 41.6m^2$。

处理效果：良。

操作难易程度：较易。

3）沼气池

项目投资：12 万元。

单个沼气池建造费用为 1200 元（沼气技术及其应用 P373），人口数为 500 人，户均人口按 5 人计，则总成本费用为：1200 × 500/5 = 12 元。

运营成本：1.3 万元。

每 3 年清渣一次，每次清渣费 400 元，共有 100 户，则每年运行费用为 100 × 400 /3= 1.3 万元（浙江省农村生活污水处理技术的选用原则与处理模式）。

占地面积：766.5m²。

8m³ 的沼气池的内直径为 2.7m，$3.14 \times (2.7/2)^2 = 5.723m^2$。

进料口占地面积：$0.42 \times 0.42 = 0.176m^2$。

水压间的占地面积：$3.14\times(1.5/2)^2 = 1.766m^2$。

总占地面积：$(5.723 +0.18 +1.766) \times 500/5 = 766.5m^2$。

处理效果：中（小城镇·农村生活污水分散处理的适用技术探讨）。

操作难易程度：较易。

4）滴滤池

项目投资：42.53 万元。

吨水土建费用为 1594 元/(m^3/d)，共计 7.97 万元；吨水设备费用为 1503 元/(m^3/d)，计 7.52 万元；管网投资费用 500 元/米，排污处距离污水处理设施的平均距离为 500 米，管网投资费用为 500 × 500 = 25 万元；500 米共设检查井 17 个，检查井的建造费用为 1200 元/个，检查井的建造费用 1200 × 17 = 2.04 万元；合计 7.97 + 7.52 + 25 + 2.04 = 42.53 万元（农村生活污水治理示范工程的成本有效性研究）。

运营成本：2.19 万元。

运行成本 0.15 元/吨，0.15 × 50 × 365 = 0.27 万元；工人工资费用 800/人，需要两个人进行日常维护，人工费用为 800 × 2 × 12 = 1.92 万元；年运行费用共计：0.27 + 1.92 = 2.19 万元。

占地面积：38m²。

$V = QS_0/N_V = 50 \times 171/150 = 57m^2$。

其中，V 为滴滤池的体积，m^3；Q 为滴滤池进水流量，m^3/d；S_0 为滴滤池进水 BOD_5 浓度，mg/L；N_V 为 BOD_5 容积负荷，$gBOD_5/(m^3 \cdot d)$。

$A = V/H = 57/1.5 = 38\ m^2$。

处理效果：良（小城镇•农村生活污水分散处理的适用技术探讨）。

操作难易程度：较易。

5）化粪池

项目投资：10 万元。

农村每家每户有一个户外化粪池，户外化粪池一般采用 $2m^3$，每立方米的建造成本为 500 元，人口数为 500 人，户均人口按 5 人计，则总成本费用为 500 × 2 × 100 = 100000 元。

化粪池每立方米的投资为 500 元，其建造成本为 500 × 40 = 20000 元。

运营成本：2 万元。

每两年清渣一次，每次清渣费 400 元，共有 100 户，每年运行费用 100 × 400 /2 = 2 万元。

占地面积：$200m^2$。

户外化粪池采用 $2m^3$ 的体积，h 取 1m。

$S_5 = V/H = 100 \times 2/1 = 200m^2$。

处理效果：中。

操作难易程度：较易。

6）氧化沟

项目投资：45.4 万元。

吨水投资费用为 2168.25 元/m^3，共计 10.84 万元；吨水设备费用为 1503 元/(m^3/d)，共计 7.52 万元；管网投资费用 500 元/米，排污处距离污水处理设施的平均距离为 500 米，管网投资费用 500 × 500=25 万元；500 米共设检查井 17 个，检查井的建造费用为 1200 元/个，检查井的建造费用 1200 × 17 = 2.04 万元；合计为 10.84 + 7.52 + 25 + 2.04 = 45.4 万元。

运营成本：18.84 万元。

单方水运行成本为 3000 元/年，共计 3000 × 50 = 150000 元；工人工资费用 800/人，需要 4 个人进行日常维护，人工费用为 800 × 4 × 12 = 3.84 万元；年运行费用共计 15 + 3.84 = 18.84 万元。

占地面积：$14.1m^2$。

$$V = (V_1+V_2)/K = (15.47+0.01)/0.55 = 28.15m^3$$

$$V_1 = YQS_r\theta_c/X = 0.55 \times 50 \times 150 \times 15/4000 = 15.47m^3$$

$$S_r = S_0 - S_e = 170 - 20 = 150kgBOD_5/m^3$$

$$V_2 = G/X = 36.67/4000 = 0.01m^3$$

$$G = \omega/K_{de} = 0.99/0.027 = 36.67kg$$

$$\omega = QC_{TN(0)} - YQS_r \times 0.124 - QC_{TN(e)}$$

$$=50 \times (50 - 20)/1000 - 0.55 \times 0.124 \times 50 \times 150/1000 = 0.99kg/d$$

$$K_{de(T)} = K_{de(20)}1.08^{(T-20)} = 0.04 \times 1.08^{(15-20)} = 0.027$$

其中，V 为氧化沟的总容积，m^3；V_1 为硝化区容积，m^3；V_2 为反硝化区容积，m^3；Q 为污水平均日流量，m^3/d；S_0 为进水的 BOD_5 浓度，$kgBOD_5/m^3$；S_e 为出水的 BOD_5 浓度，$kgBOD_5/m^3$；θ_c 为污泥龄，d；X 为氧化沟 MLSS 浓度，kg/m^3；Y 为污泥净增长系数；ω 为反硝化区脱氮量，kg/d；$C_{TN(0)}$为进水中总氮浓度，kgN/m^3；$C_{TN(e)}$为出水中总氮浓度，kgN/ m^3；K_{de} 为脱氮速率，$K_{de(T)}$、$K_{de(20)}$分别为 T℃和 20℃时的脱氮速率，$kgNO_3^- -N/(kgMLSS \cdot d)$；$T$ 为设计温度，℃；$A = V/h = 28.15/2 = 14.1m^2$。

处理效果：良。

操作难易程度：一般。

7）A^2/O

项目投资：46.49万元。

吨水投资费用2386.4元/m^3，计11.93万元；吨水设备费用1503元/(m^3/d)，计7.52万；管网投资费用500元/米，排污处距离污水处理设施的平均距离为500米，管网投资费用500 × 500=25万元；500米共设检查井17个，检查井的建造费用为1200元/个，检查井的建造费用为1200 × 17=2.04万元；合计11.93 + 7.52 + 25 + 2.04 = 46.49万元。

运营成本：18.84万元。

单方水运行成本3000元/年，共计3000 × 50 = 150000元；工人工资费用800/人，需要4个人进行日常维护，人工费用为800 × 4 × 12 = 3.84万元；年运行费用共计15 + 3.84 = 18.84万元。

占地面积：14.86m^2。

$$V = QS_a/N_rX = (50 \times 171)/(0.2 \times 1538) = 27.79\text{m}^3$$

$$X = RX_r/(1+R) = (0.2 \times 10000)/1.3 = 1538\text{mg/L}$$

$$X_r = 10^6 r/\text{SVI} = (10^6 \times 1.2)/120 = 10000\text{mg/L}$$

$$S_1 = V/H = 27.79/3 = 9.26\text{m}^2$$

$$S_2 = Q_1/3.6q = Q/3.6u = 2.08/(3.6\times0.2) = 2.8\text{m}^2$$

$$S_6 = 9.26 + 2.8 + 2.8 = 14.86\text{m}^2$$

其中，V为曝气池的体积，m^3；Q为污水设计流量，m^3/d；Q_1为污水时流量，m^3/h；S_a为进水 BOD 浓度，kg/m^3；N_r为 BOD_5污泥负荷，kgBOD_5/(kgMLSS·d)；X为污泥浓度 MLSS，kg/m^3；S_1为曝气池的面积；S_2为沉淀池的面积；q为沉淀池表面负荷，$m^3/(m^2 \cdot h)$；u为正常活性污泥成层沉淀速压。

根据土建结构和曝气池的功能要求，允许占用的土地面积、能够购置到空压机所具有的压力，确定曝气池的深度为3m。

处理效果：优（小城镇·农村生活污水分散处理的适用技术探讨）。

操作难易程度：一般。

2. 专家对工艺的处理效果和操作难易程度的打分

项目组寻找了多位行业领域内资深的专家对 7 种处理工艺在处理效果及操作难易程度方面进行了打分，打分情况如表 4-2 和表 4-3 所示。

表 4-2 候选方案处理效果打分表

候选方案＼专家	1	2	3	4	5	6	7	平均分
人工湿地	70	68	80	60	60	70	70	68
稳定塘	65	75	60	60	60	65	50	62
沼气池	50	85	80	70	40	50	10	55
滴滤池	80	70	70	75	60	80	60	71
化粪池	60	80	80	75	40	60	10	58
氧化沟	90	85	50	75	85	90	70	78
A^2/O	100	90	50	80	90	100	80	84

表 4-3 候选方案操作难易程度打分表

候选方案＼专家	1	2	3	4	5	6	7	平均分
人工湿地	80	90	70	80	60	80	75	76
稳定塘	85	85	60	80	80	85	70	78
沼气池	85	85	80	70	60	85	80	78
滴滤池	85	70	70	70	85	70	60	73
化粪池	70	80	80	80	70	85	80	78
氧化沟	60	60	50	60	80	60	20	56
A^2/O	60	50	50	60	80	60	15	54

3. 利用灰色关联确定候选方案

1）确定比较数列和参考数列

确定候选方案的比较数列为：

$$x_1(j)=\{38.47,1.92,100,68,76\}$$

$$x_2(j)=\{35.61,1.92,42,62,78\}$$

$$x_3(j)=\{12.00,1.30,767,55,78\}$$

$$x_4(j)=\{42.53,2.19,38,71,73\}$$

$$x_5(j)=\{10,2,200,58,78\}$$

$$x_6(j)=\{45.4,18.84,14.1,78,56\}$$

$$x_7(j)=\{46.49,18.84,14.86,84,54\}$$

理想方案的参考数列为

$$x_0(j)=\{10.00,1.30,14.1,84,78\}$$

2）数据规范化处理

$$x_0'(j)=\{1.00,1.00,1.00,1.00,1.00\}$$

$$x_1'(j)=\{0.26,0.68,0.14,0.81,0.98\}$$

$$x_2'(j)=\{0.28,0.68,0.34,0.74,1.00\}$$

$$x_3'(j)=\{0.83,1.00,0.02,0.65,1.00\}$$

$$x_4'(j)=\{0.23,0.59,0.37,0.84,0.93\}$$

$$x_5'(j)=\{1.00,0.65,0.071,0.69,0.71\}$$

$$x_6'(j)=\{0.22,0.07,1,0.93,0.71\}$$

$$x_7'(j)=\{0.21,0.07,0.95,1.00,0.69\}$$

3）计算灰色关联系数

计算参考数列与比较数列在对应点的绝对差：

$$\Delta_i(j)=\left|x_0'(j)-x_i'(j)\right| \quad (i=1,2,3,4;\ j=1,2,3,4,5)$$

可得

$$\Delta_1(j)=\{0.74,0.32,0.84,0.19,0.02\}$$

$$\Delta_2(j)=\{0.72,0.32,0.66,0.26,0.002\}$$

$$\Delta_3(j)=\{0.17,0.00,0.98,0.35,0.002\}$$

$$\Delta_4(j)=\{0.76,0.41,0.63,0.16,0.07\}$$

$$\Delta_5(j)=\{0.00,0.35,0.93,0.31,0.29\}$$

$$\Delta_6(j)=\{0.78,0.93,0,0.07,0.29\}$$

$$\Delta_7(j)=\{0.78,0.93,0.05,0.00,0.31\}$$

于是

$$\Delta_{\min}=\min\left\{\min\left|x_0'(j)-x_i'(j)\right|\right\}=0.00$$

$$\Delta_{\max}=\max\left\{\max\left|x_0'(j)-x_i'(j)\right|\right\}=0.98$$

取分辨系数 $\rho=0.5$，计算式为

$$\xi_i(j)=\frac{\Delta_{\min}+\rho\Delta_{\max}}{\Delta_i(j)+\rho\Delta_{\max}}$$

代入各点绝对差计算得出各对应点的关联系数为

$$\xi_1(j)=\{0.399,0.603,0.364,0.721,0.961\}$$

$$\xi_2(j)=\{0.406,0.603,0.426,0.651,0.996\}$$

$$\xi_3(j)=\{0.746,1.00,0.333,0.585,0.996\}$$

$$\xi_4(j)=\{0.391,0.547,0.438,0.753,0.882\}$$

$$\xi_5(j)=\{1.00,0.584,0.346,0.610,0.632\}$$

$$\xi_6(j)=\{0.386,0.345,1.00,0.866,0.632\}$$

$$\xi_7(j)=\{0.385,0.345,0.906,1.00,0.610\}$$

4）灰色关联法确定权值

项目组寻找了多位行业内资深的专家，分别考虑不同发展程度（人均收入<3500 元/年、3500 元/年<人均收入<6000 元/年、人均收入>6000 元/年）、不同地形（山地、平原、丘陵）、不同人口规模（人口数量<500 人、500 人<人口数量<3000 人、人口数量>3000 人）对项目投资、运营成本、占地面积、处理效果、运行管理难易程度五个因素的权重情况进行了评分，现列举发展程度为人均收入<3500 元/年、地形为山地、人口数量<500 人的专家打分情况（详见表 4-4）。

表 4-4　专家对五个评价指标赋权结果

因　素	1	2	3	4	5	6	7
项目投资	0.3	0.6	0.3	0.3	0.1	0.3	0.1
运营成本	0.3	0.1	0.3	0.2	0.4	0.3	0.3
占地面积	0.05	0.05	0.05	0.3	0.05	0.05	0.1
处理效果	0.05	0.05	0.05	0.1	0.15	0.05	0.2
运行管理难易程度	0.3	0.2	0.3	0.1	0.3	0.3	0.3

由表 4-4 确定候选方案的比较数列为

$$w_1(k)=\{0.30,0.60,0.30,0.30,0.10,0.30,0.10\}$$

$$w_2(k)=\{0.30,0.10,0.30,0.20,0.40,0.30,0.30\}$$

$$w_3(k)=\{0.05,0.05,0.05,0.30,0.05,0.05,0.10\}$$

$$w_4(k)=\{0.05,0.05,0.05,0.10,0.15,0.05,0.20\}$$

$$w_5(k)=\{0.30,0.20,0.30,0.10,0.30,0.30,0.30\}$$

理想方案的参考数列为

$$w_0(k)=\{0.60,0.40,0.30,0.20,0.30\}$$

计算参考数列与比较数列在对应点的绝对差：

$$\Delta_j(k)=\left|w_0(k)-w_j(k)\right| \quad (j=1,2,3,4,5;\ k=1,2,3,4,5,6,7,8,9,10)$$

可得

$$\Delta_1(k)=\{0.30,0.00,0.30,0.30,0.50,0.30,0.50\}$$

$$\Delta_2(k)=\{0.10,0.30,0.10,0.20,0.00,0.10,0.10\}$$

$$\Delta_3(k)=\{0.25,0.25,0.25,0.00,0.25,0.25,0.20\}$$

$$\Delta_4(k)=\{0.15,0.15,0.15,0.10,0.05,0.15,0.00\}$$

$$\Delta_5(k)=\{0.00,0.10,0.00,0.20,0.00,0.00,0.00\}$$

于是

$$\Delta_{\min}=\min\left\{\min\left|w_0(k)-w_j(k)\right|\right\}=0.00$$

$$\Delta_{\max}=\max\left\{\max\left|w_0(k)-w_j(k)\right|\right\}=0.5$$

取分辨系数 $\rho = 0.5$，计算式为

$$\xi_j(k) = \frac{\Delta_{\min} + \rho\Delta_{\max}}{\Delta_j(k) + \rho\Delta_{\max}}$$

代入各点绝对差计算得出各对应点的关联系数为

$$\xi_1(k) = \{0.455, 1.00, 0.455, 0.455, 0.333, 0.455, 0.333\}$$

$$\xi_2(k) = \{0.714, 0.455, 0.714, 0.556, 1.00, 0.714, 0.714\}$$

$$\xi_3(k) = \{0.500, 0.500, 0.500, 1.00, 0.500, 0.500, 0.556\}$$

$$\xi_4(k) = \{0.625, 0.625, 0.625, 0.714, 0.833, 0.625, 1.00\}$$

$$\xi_5(k) = \{1.00, 0.714, 1.00, 0.556, 1.00, 1.00, 1.00\}$$

将上述 $\xi_j(k)$ 代入公式 $r_j = \frac{1}{7}\sum_{k=1}^{7}\xi_j(k)$，可得候选方案对理想方案的关联度为

$$r_1 = 0.498;\quad r_2 = 0.695;\quad r_3 = 0.579;\quad r_4 = 0.721;\quad r_5 = 0.896$$

经归一化后得到五个评价因子的权重集为

$$w_j = \{0.147, 0.205, 0.171, 0.213, 0.264\}$$

5）计算灰色关联度

根据 $\varepsilon_i = \sum_{j=1}^{5}\xi_i(j) \times w_j$ 可得

$\varepsilon_1 = 0.652$； $\varepsilon_2 = 0.658$； $\varepsilon_3 = 0.760$； $\varepsilon_4 = 0.638$

$\varepsilon_5 = 0.623$； $\varepsilon_6 = 0.650$； $\varepsilon_7 = 0.656$

6）结果分析

对上述结果进行排序可得：$\varepsilon_3 > \varepsilon_2 > \varepsilon_7 > \varepsilon_1 > \varepsilon_6 > \varepsilon_4 > \varepsilon_5$。因此，沼气池为人口少于 500 人、人均年经济收入少于 3500 元的山地类型农村最佳的生活污水和散养畜禽污水处理候选工程技术，根据 BMPs 原则和实际情况，因地制宜，以一项或几项技术为主、多项技术有机结合，通过管理手段来统筹全局，对非点源污染控制成效显著。

因此，考虑到沼气池和化粪池均为分散处理设施，同时沼气池和化粪池的处理效果很难保证水质达标，故建议沼气池和化粪池可以作为农村生活污水和散养畜禽污水的初步推广技术，同时结合稳定塘或者 A^2/O 作为耦合处理技术共同处理农村生活污水和散养畜禽污水，这才是最优推荐的工程处理技术。

4.2.4　农村生活污水处理最佳工程技术推荐

在现有工程技术筛选体系基础上，通过专家打分，以及利用灰色管理度法，考虑不同经济发展程度，针对山地、平原、丘陵三种不同地型，给出推荐处理工程技术，如表 4-5 所示。

表 4-5　农村生活污水与畜禽养殖污水处理适用工程技术推荐表

地型种类	人口数量	人均收入		
		<3500 元/年	3500～6000 元/年	>6000 元/年
山地	<500	沼气池、稳定塘、A^2/O、人工湿地、	沼气池、稳定塘、人工湿地、A^2/O	沼气池、化粪池、稳定塘、人工湿地
	500～3000	沼气池、稳定塘、人工湿地、A^2/O	沼气池、稳定塘、化粪池、人工湿地	沼气池、化粪池、稳定塘、人工湿地
	>3000	沼气池、A^2/O、稳定塘、人工湿地	沼气池、化粪池、稳定塘、人工湿地	沼气池、化粪池、A^2/O、稳定塘
平原	<500	沼气池、A^2/O、稳定塘、人工湿地	沼气池、化粪池、稳定塘、A^2/O	沼气池、化粪池、A^2/O、稳定塘
	500～3000	沼气池、A^2/O、稳定塘、人工湿地	沼气池、化粪池、A^2/O、稳定塘	沼气池、化粪池、稳定塘、人工湿地
	>3000	沼气池、A^2/O、稳定塘、人工湿地	沼气池、化粪池、稳定塘、人工湿地	沼气池、化粪池、A^2/O、稳定塘
丘陵/高原	<500	沼气池、稳定塘、A^2/O、人工湿地	沼气池、稳定塘、化粪池、人工湿地	沼气池、化粪池、稳定塘、人工湿地
	500～3000	沼气池、稳定塘、A^2/O、人工湿地	沼气池、化粪池、稳定塘、人工湿地	沼气池、化粪池、稳定塘、人工湿地
	>3000	沼气池、A^2/O、稳定塘、人工湿地	沼气池、A^2/O、稳定塘、化粪池	沼气池、化粪池、A^2/O、稳定塘

由表 4-5 可以看出，沼气池和化粪池是农村生活污水与畜禽养殖污水处理最佳使用的技术，但是这两项处理技术处理效果均一般，不适合农村污水的水质净化，因此，在沼气池和化粪池两项技术的基础上，结合以下工程技术联合处理农村生活污水和畜禽养殖污水，从而达到优化农村水质、降低生活污水与畜禽养殖污水的风险，如表 4-6 所示。

表 4-6　农村生活污水与畜禽养殖污水处理适用工程技术推荐表（修正）

地型种类	人口数量	人均收入		
		<3500 元/年	3500～6000 元/年	>6000 元/年
山地	<500	稳定塘、A^2/O	稳定塘、人工湿地	稳定塘、人工湿地
	500～3000	稳定塘、人工湿地	稳定塘、人工湿地	稳定塘、人工湿地
	>3000	A^2/O、稳定塘	稳定塘、人工湿地	A^2/O、稳定塘
平原	<500	A^2/O、稳定塘	稳定塘 A^2/O	A^2/O、稳定塘
	500～3000	A^2/O、稳定塘	A^2/O、稳定塘	稳定塘、人工湿地
	>3000	A^2/O、稳定塘	稳定塘、人工湿地	A^2/O、稳定塘
丘陵/高原	<500	稳定塘、A^2/O、	稳定塘、人工湿地	稳定塘、人工湿地
	500～3000	稳定塘、A^2/O	稳定塘、人工湿地	稳定塘、人工湿地
	>3000	A^2/O、稳定塘	A^2/O、稳定塘	A^2/O、稳定塘

4.3　完善农村水环境监测体系

4.3.1　现场与实验室监测数据分析

1. 监测布点情况

本书选择珠江三角洲五个典型的村镇，通过监测数据结果分析来确定代表村镇的采样时间、采样频率和监测项目，进而根据研究区域特点建立农村水环境的监测体系。如表 4-7 所示为珠江三角洲采样村镇位置。

表 4-7　珠江三角洲采样村镇位置

站位名称	经　度	纬　度
从化市人平镇寮仔村	113°72′86″	23°62′07″
从化市太平镇银林村郭庄	113°47′44″	23°51′55″
云浮市云城区古宠村	112°11′55.68″	22°53′59.06″
云浮市新兴县六祖镇外布前村	112°09′45.03″	22°32′49.04″
肇庆市德庆武垄村	112°10′50.49″	23°18′37.62″

1）现场监测村镇的点位布设

采样布点原则：在污水进入农村污水处理设施前的汇集口和经过污水处理设施后的排污口分别采样一组。同时根据当地的地形及流域情况，在村镇上游来水处、村镇下游汇水处及农村污水处理设施附近进行采样。

采样布点方法：广州从化市太平镇寮仔村按照以下方式进行采样点位的布设。采集 1 组进污水处理设施之前水样和 1 组出污水处理设施之后水样，共两组水样；因有河流水系流经该村镇，为大致反映该村镇的纳污、排污及治污情况，在河流上游距离排污口 100 米处和河流下游距离排污口 100 米处分别采样 1 组，共两组水样；为了解河流对污染物的自然净化效果，需要在排污河流汇入流溪河的上、下游采样两组；同时还需要研究厌氧池的处理效果，需要在厌氧池的出水口处采样 1 组。因此，该村社共需要布设 7 个点位。具体布设位置如图 4-2 所示。

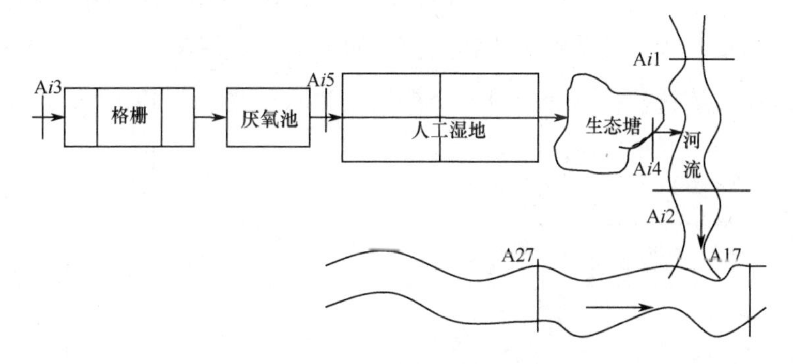

图 4-2　从化市太平镇寮仔村人工湿地处理工艺农村生活污水采样点位

注：Ai1—河流上游距污水排放口 100 米；Ai2—河流下游距污水排放口 100 米；Ai3—农村生活污水汇集处；Ai4—污水的排放口；Ai5—厌氧池出水处；A17—小河汇入流溪河下游 100 米处；A27—小河汇入流溪河上游 100 米处（i=1；其中 1 代表广州从化市太平镇寮仔村）。

广州从化市太平镇银林村郭庄按照以下方式进行采样点位的布设：采集1组进污水处理设施之前水样，1组出污水处理设施之后水样，共两组水样；因有河流水系流经该村镇，为大致反映该村镇的纳污、排污及治污情况，在河流上游距离排污口100米处和河流下游距离排污口100米处分别采样1组，共两组水样；同时还需要研究厌氧池的处理效果，需要在厌氧池的出水口处采样1组。因此，该村社共需要布设5个点位。具体布设位置如图4-3所示。

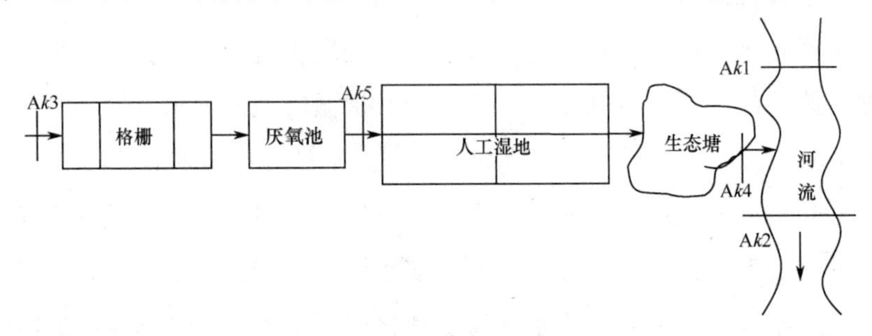

图4-3　从化市太平镇银林村郭庄人工湿地处理工艺农村生活污水采样点位

注：Ak1—河流上游距污水排放口100米；Ak2—河流下游距污水排放口100米；Ak3—农村生活污水汇集处；Ak4—污水的排放口；Ak5—厌氧池出水处；Ak7—距污水排放口500米（k=2；其中2代表太平镇银林村郭庄）。

云浮市云城区古宠村按照以下方式进行采样点位的布设：采集1组进污水处理设施之前水样，1组进生态塘的生活污水水样，1组出污水处理设施之后水样，共3组水样；同时需要研究酸化调节池和生物兼性池的处理效果，需要在酸化调节池和生物兼性池的出水口处各采样1组，共采样两组。因此，该村社共需要布设5个点位。具体布设位置如图4-4所示。

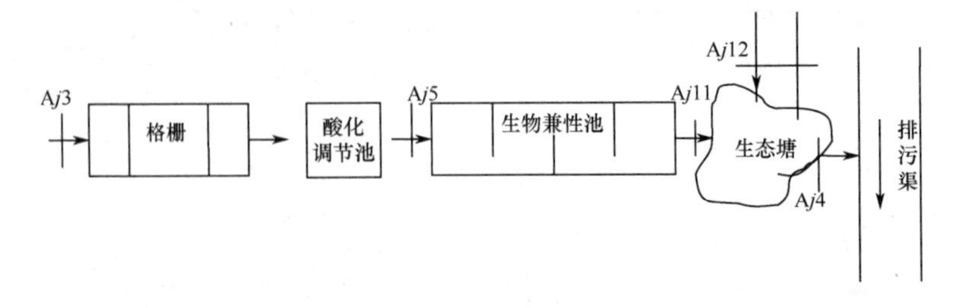

图4-4　云浮市云城区古宠村生物兼性池工艺农村生活污水采样点位

注：Aj3—农村生活污水汇集处；Aj4—污水的排放口；Aj5—酸化调节池出水处；Aj11—生物兼性池出水；Aj12—排污渠进水（j=3；其中3代表云浮市云城区古宠村）。

云浮市新兴县六祖镇外布前村按照以下方式进行采样点位的布设：采集 1 组进污水处理设施之前水样，1 组出污水处理设施之后水样，共两组水样；因有河流水系流经该村镇，为大致反映该村镇的纳污、排污及治污情况，在河流上游距离排污口 100 米处采样 1 组水样，由于排放污水通过蒸发和土壤渗滤的方式被消纳，无须监测河流下游的水质情况。因此，该村社共需布设 3 个点位。具体布设位置如图 4-5 所示。

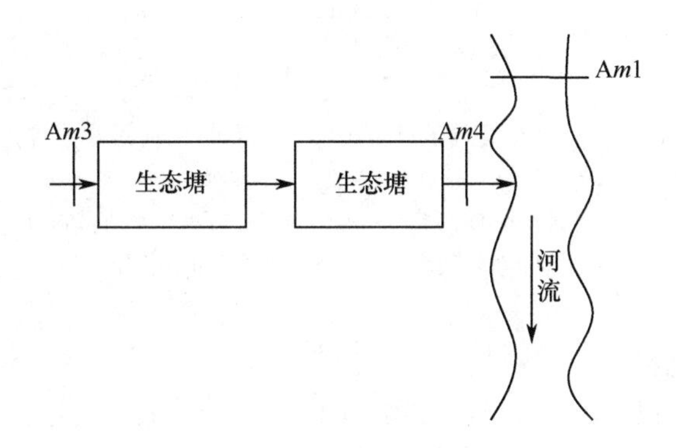

图 4-5　云浮市新兴县六祖镇外布前村二级生态塘工艺农村生活污水采样点位

注：Am1—河流上游距污水排放口 100 米；Am3—农村生活污水汇集处；Am4—污水排放口（m=4；其中 4 代表云浮市新兴县六祖镇外布前村）。

肇庆市德庆武垄村按照以下方式进行采样点位的布设：采集 1 组进污水处理设施之前水样，1 组出污水处理设施之后水样，共两组水样；另外，还需要采集未经污水处理设施处理的生活污水的水样两组；在河流上游距离排污口 100 米处采样 1 组水样；为了解公厕点源污染对河流造成的污染，在公厕下游的河流断面采样 1 组。因此，该村共需布设 6 个点位。具体布设位置如图 4-6 所示。

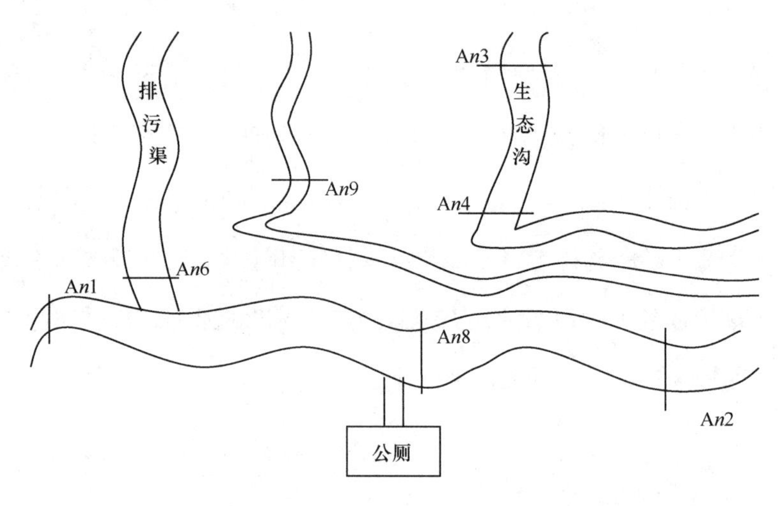

图 4-6　肇庆市德庆武垄村生态沟工艺农村生活污水采样点位

注：An1—距污水排放口 100 米；An3—部分农村生活污水汇集处；An4—污水排放口处；An6—部分农村生活污水汇集处；An8—公厕污水排入河流处；An9—村庄地下水来水处；An10—部分农村生活污水汇入河溪 500 米处（n=5；其中 5 代表肇庆市德庆武垄村）。

2）采样村镇的监测项目

每组常规分析指标包括悬浮物、CODcr、BOD_5、氨氮、总氮、总磷、阴离子表面活性剂。

每组重金属类指标包括铜、锌、铅、砷、汞、铬（六价）。

每组现场监测的指标包括 PH、温度、溶解氧。

每组现他类别污染物指标包括氰化物、挥发酚、硫化物、动植物油、粪大肠杆菌。

3）现场监测村镇的采样频率

早晨 9: 00～11: 00 用水低峰时进行 1 次采样，中午 12: 00～14: 00 用水高峰时进行 1 次采样，下午 16: 00～18: 00 用水高峰时进行 1 次采样，将 3 次采样进行混合作为当天的水样，监测日均水质指标情况。

2. 监测布点村镇现场监测数据分析

如图 4-7 所示为河流上、下游水的温度。如图 4-8 所示为进、出水温度。

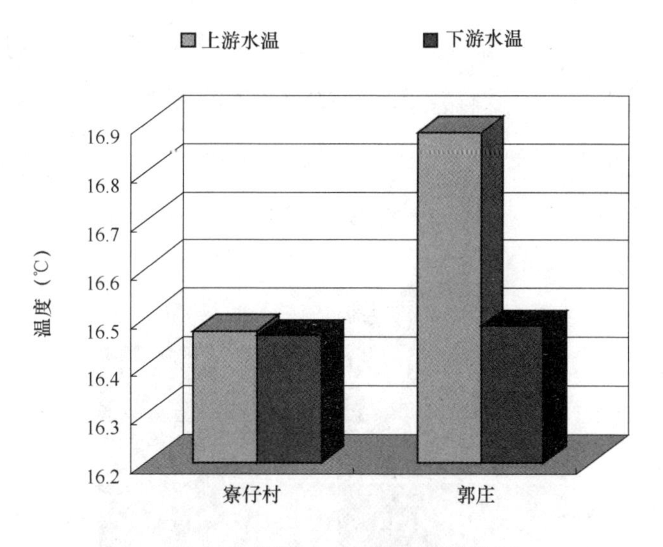

图 4-7　河流上、下游水的温度

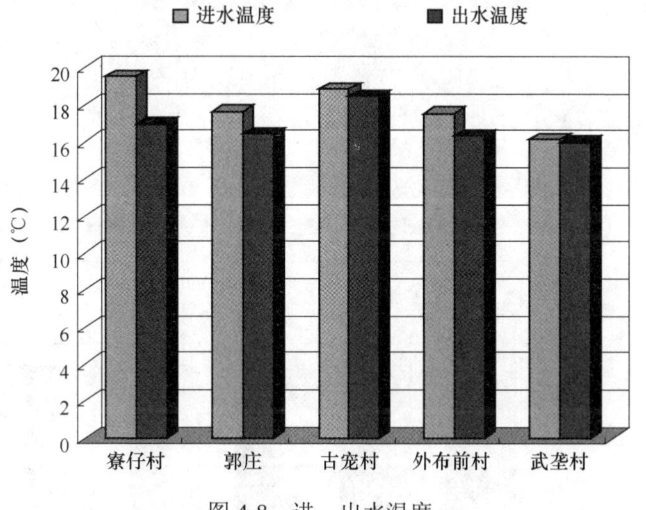

图 4-8　进、出水温度

由图 4-7 和图 4-8 可以看出，两个村子河流上游的温度为 16.47℃～16.88℃，中位温度为 16.68℃；河流下游温度为 16.46℃～16.48℃，中位温度为 16.47℃；五个村子的生活污水的温度为 16.15℃～19.53℃，进水中位温度为 17.84℃；经过污水处理设施处理后出水温度为 15.96℃～

18.47℃，出水的中位温度为 17.22℃，说明农村水温适合污水处理设施中微生物的生长，可以有效提高污染物的去除效率。

如图 4-9 所示为河流上、下游水的 pH 值。

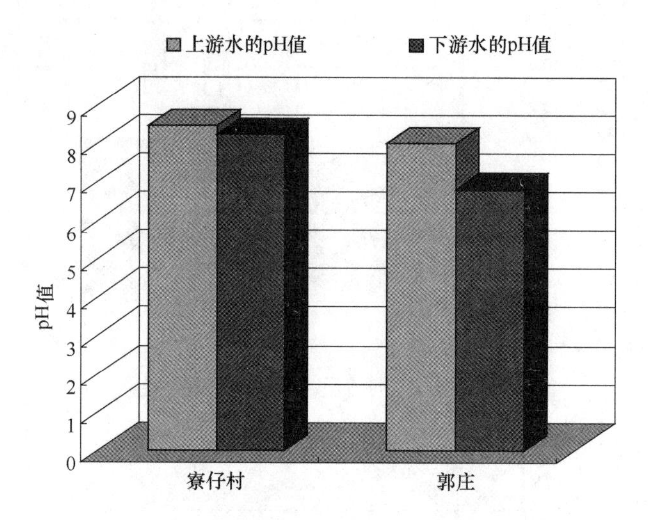

图 4-9　河流上、下游水的 pH 值

如图 4-10 所示为进、出水的 pH 值。

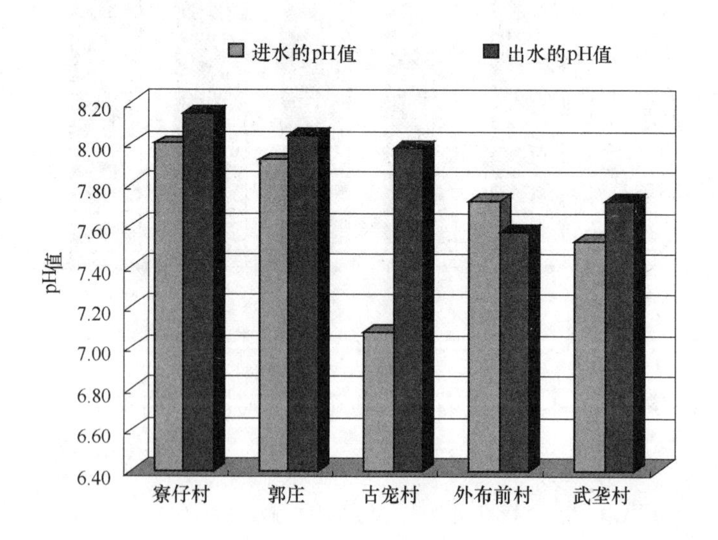

图 4-10　进、出水的 pH 值

由图 4-9 和图 4-10 可以看出，两个村子河流上游 pH 值为 7.77～8.11,中位 pH 值为 7.94；河流下游 pH 值为 7.83～8.49，中位 pH 值为 8.16；五个村子的生活污水的 pH 值为 7.21～8.13，进水中位 pH 值为 7.67；经过污水处理设施处理后出水 pH 值为 7.81～8.27，出水的中位 pH 值为 8.04；进、出水中位 pH 值达到城镇污水排放标准（GB18918-2002）中 pH 的一级排放标准 6～9，说明 pH 值适宜农村污水的排放条件，有利于农村污水的高效处理。

如图 4-11 所示为河流上、下游溶解氧浓度。如图 4-12 所示为进、出水溶解氧浓度。由图 4-11 和图 4-12 可以看出，两个村子河流上游溶解氧为 3.5～9.5mg/L，中位浓度为 5.06mg/L；河流下游溶解氧浓度为 5.79～6.34mg/L，中位浓度为 6.06mg/L；五个村子的生活污水的溶解氧浓度为 0.68～3.98mg/L，进水中位溶解氧浓度为 2.33mg/L；经过污水处理设施处理后溶解氧浓度为 2.46～5.87mg/L，出水的中位浓度为 4.17mg/L；农村污水处理设施对污水中悬浮物的去除率为 73.2%，说明农村生活污水溶解氧趋于正常水平，有利于污染物的去除。

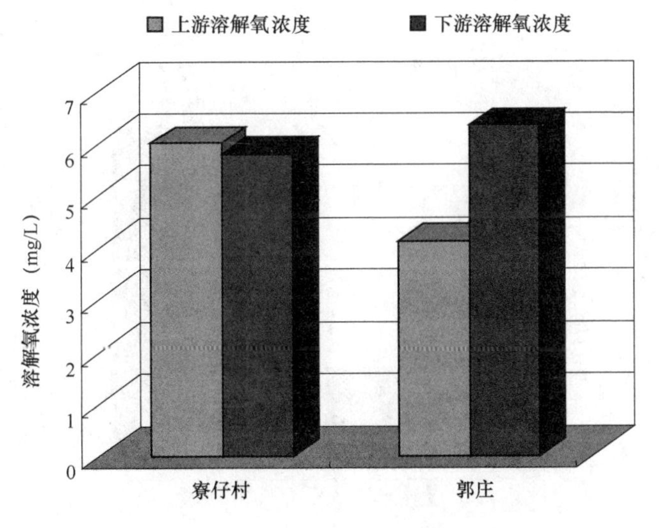

图 4-11　河流上、下游溶解氧浓度

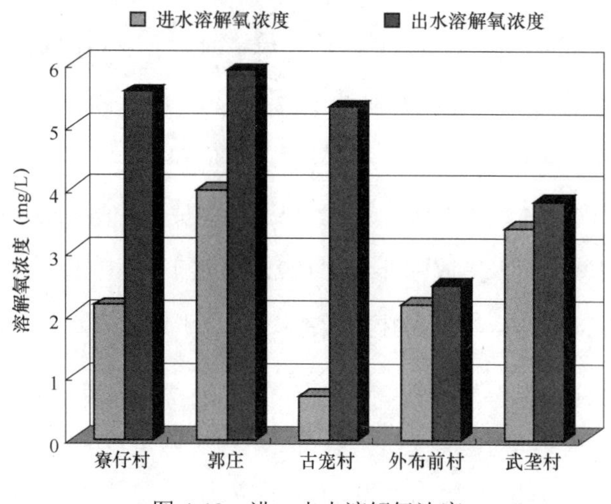

图 4-12　进、出水溶解氧浓度

3. 实验室监测数据的分析

图 4-13 和图 4-14 所示分别为河流上、下游悬浮物浓度和进、出水悬浮物浓度。由图 4-13 和图 4-14 可以看出，两个村子河流上游悬浮物浓度为 3.5～9.5mg/L，中位浓度为 6.5mg/L；河流下游悬浮物浓度为 4～15.5mg/L，中位浓度为 9.75mg/L；五个村子的生活污水的悬浮物浓度为 27.5～372.5mg/L，进水

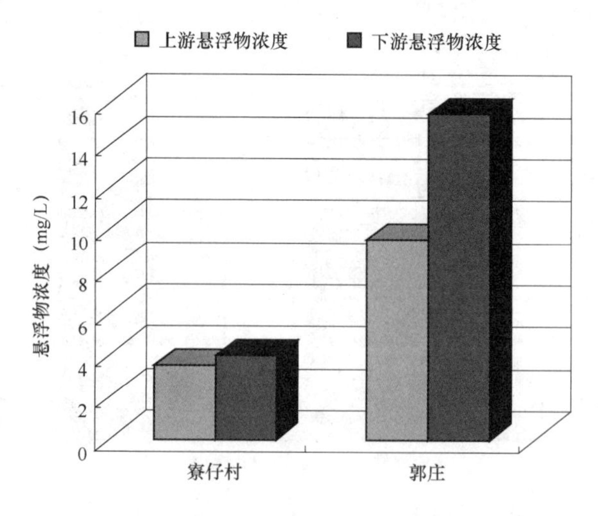

图 4-13　河流上、下游悬浮物浓度

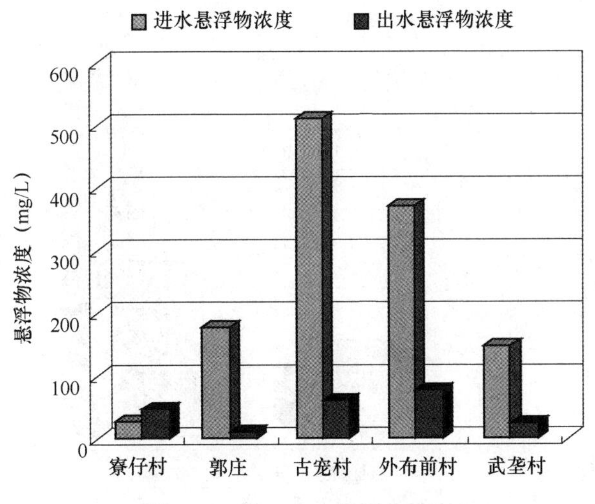

图4-14　进、出水悬浮物浓度

中位浓度为177.5mg/L；经过污水处理设施处理后的出水悬浮物浓度为11.5～79mg/L，出水的中位浓度为47.5mg/L；农村污水处理设施对污水中悬浮物的去除率为73.2%，出水中位浓度达到城镇污水排放标准（GB18918-2002）中悬浮物的三级排放标准50mg/L，说明农村生活污水经过污水设施的处理后，能有效地降低悬浮物浓度，但对流经村庄的河流造成轻微污染。

图4-15所示为河流上、下游硫化物浓度，图4-16所示为进、出水硫化物浓度。由图4-15和图4-16可以看出，两个村子河流上游硫化物浓度为0.01～0.02mg/L，中位浓度为0.015mg/L；河流下游硫化物浓度为0.005～0.045mg/L，中位浓度为0.025mg/L；五个村子的生活污水的硫化物浓度为0.095～7.617mg/L，进水中位浓度为0.46mg/L；经过污水处理设施处理后出水硫化物浓度为0.025～0.25mg/L，出水的中位浓度为0.12mg/L，远远低于城镇污水排放标准（GB18918-2002）中硫化物最高允许排放标准1.0mg/L；农村污水处理设施对污水中硫化物的去除率为73.9%，说明农村生活污水处理工艺对硫化物具有较好的去除效果，表明了污水处理设施对硫化物控制的重要性，避免了硫化物对流经村庄的河流造成的污染。

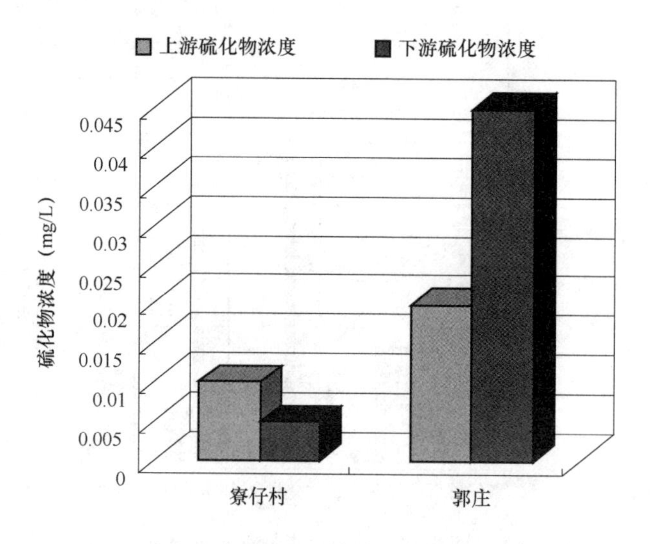

图 4-15　河流上、下游硫化物浓度

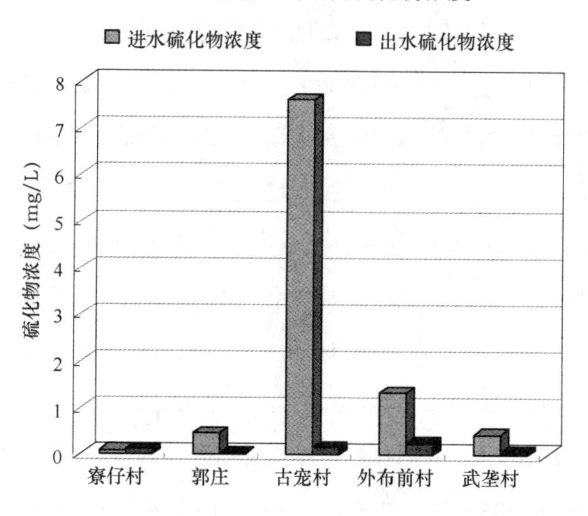

图 4-16　进、出水硫化物浓度

图 4-17 和图 4-18 所示分别为河流上、下游氨氮浓度和进、出水氨氮浓度。由图 4-17 和图 4-18 可以看出，两个村子河流上游氨氮浓度为 1.21～2.52mg/L，中位浓度为 1.862mg/L；河流下游氨氮浓度为 0.398mg/L，中位浓度为 0.398mg/L；五个村子的生活污水的氨氮浓度为 2.341～30.152mg/L，进水中位浓度为 18.175mg/L；经过污水处理设施处理后出

水氨氮浓度为 0.021～23.627mg/L，出水的中位浓度为 3.762mg/L；农村污水处理设施对污水中氨氮的去除率为 79.3%，出水氨氮浓度达到城镇污水排放标准（GB18918-2002）中氨氮的一级 A 排放标准 8mg/L。虽然进水浓度不高，但经农村生活污水设施的处理后，对氨氮有很好的去除效果，对流经村庄的河流不会造成污染。

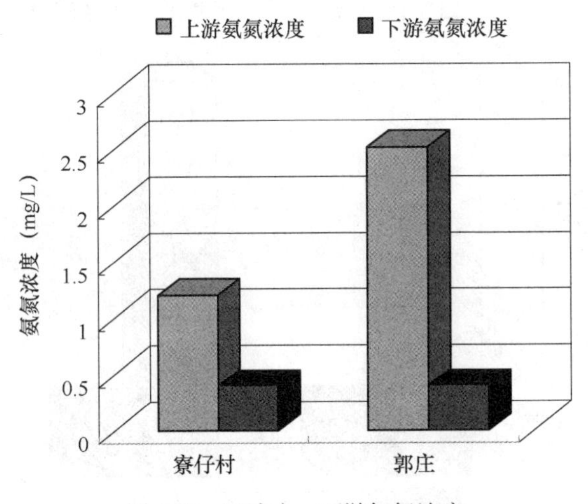

图 4-17　河流上、下游氨氮浓度

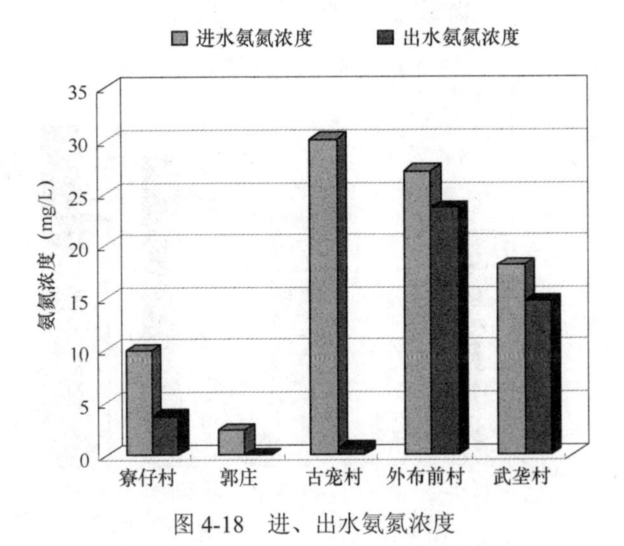

图 4-18　进、出水氨氮浓度

图 4-19 所示为河流上、下游总氮浓度，图 4-20 所示为进、出水总氮浓度。由图 4-19 和图 4-20 可以看出，两个村子河流上游总氮浓度为 1.03～5.82mg/L，中位浓度为 3.425mg/L；河流下游总氮浓度为 1.05～1.08mg/L，中位浓度为 1.065mg/L；五个村子的生活污水的总氮浓度为 2.677～30.196mg/L，进水中位浓度为 12.602mg/L；经过污水处理设施处理后出水

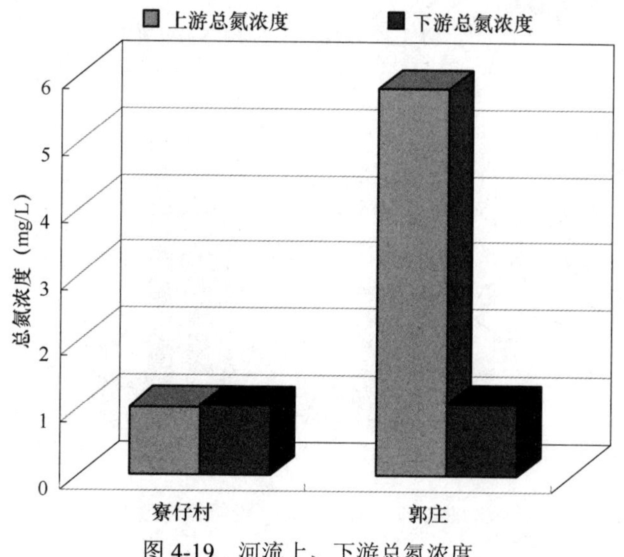

图 4-19 河流上、下游总氮浓度

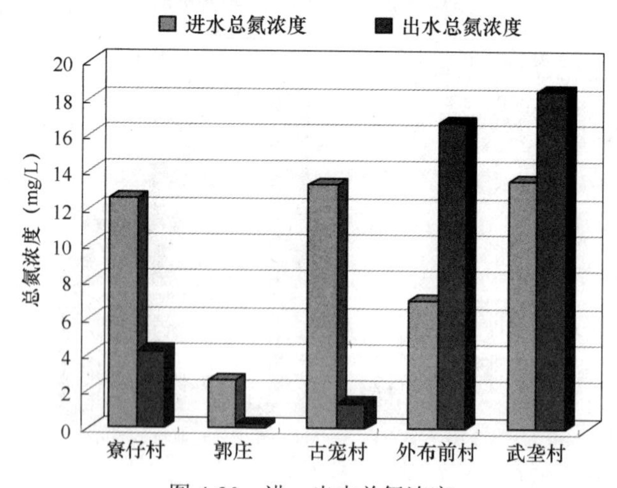

图 4-20 进、出水总氮浓度

总氮浓度为 0.267～18.478mg/L，出水的中位浓度为 4.222mg/L；农村污水处理设施对污水中总氮的去除率为 66.5%，出水浓度达到城镇污水排放标准（GB18918-2002）中总氮的一级 A 排放标准 15mg/L，说明农村生活污水经过污水设施的处理后，对流经村庄的河流不会造成污染。

图 4-21 和图 4-22 所示分别为河流上、下游总磷浓度和进、出水总磷浓度。由图 4-21 和图 4-22 可以看出，两个村子河流上游总磷浓度为 0.027～0.317mg/L，中位浓度为 0.172mg/L；河流下游总磷浓度为 0.035～0.064mg/L，中位浓度为 0.049mg/L；五个村子的生活污水的总磷浓度为 0.634～10.64mg/L，进水中位浓度为 3.235mg/L；经过污水处理设施处理后出水总磷浓度为 0.073～8.790mg/L，出水的中位浓度为 0.893mg/L；农村污水处理设施对污水中总磷的去除率为 72.4%，出水浓度达到总磷城镇污水排放标准（GB18918-2002）中的一级 B 排放标准 1mg/L，说明农村生活污水经过污水设施的处理后，对流经村庄的河流不会造成污染。

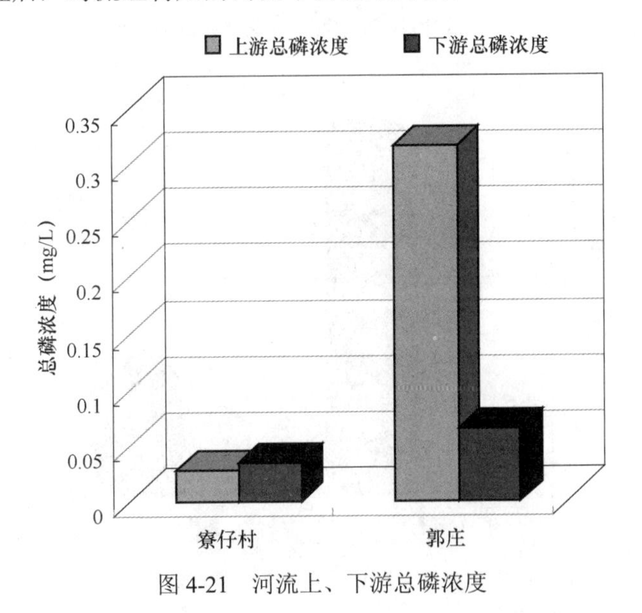

图 4-21　河流上、下游总磷浓度

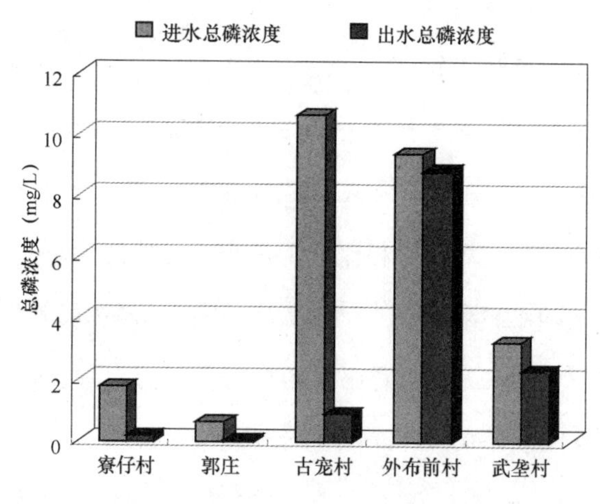

图 4-22 进、出水总磷浓度

图 4-23 所示为河流上、下游化学需氧量（COD）浓度，图 4-24 所示为进、出水化学需氧量浓度。由图 4-23 和图 4-24 可以看出，两个村子河流上游化学需氧量浓度为 0.1～8.0mg/L，中位浓度为 4mg/L；河流下游化学需氧量浓度为 13.5～40.5mg/L，中位浓度为 20.925mg/L；五个村子的生活污水的化学需氧量浓度为 38.5～1158.5mg/L，进水中位浓度为 349.5mg/L；经过

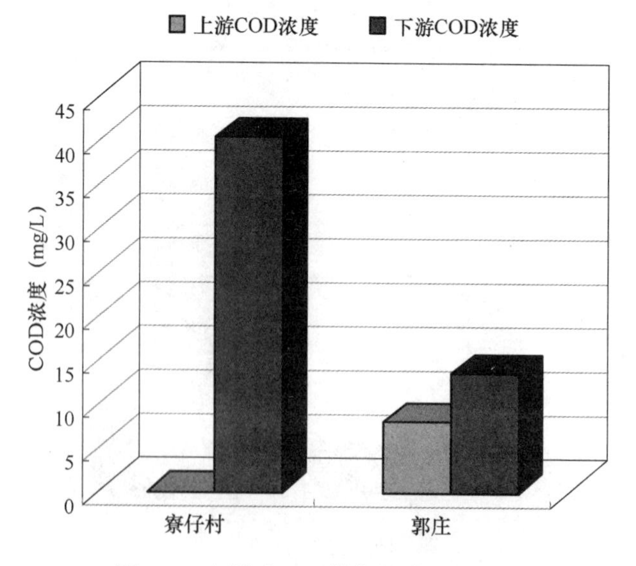

图 4-23 河流上、下游化学需氧量浓度

污水处理设施处理后出水化学需氧量浓度为 18.5～112mg/L，出水的中位浓度为 25mg/L；农村污水处理设施对污水中化学需氧量的去除率为 92.8%，出水浓度城镇污水排放标准（GB18918 2002）中化学需氧量的一级 A 排放标准为 50mg/L；说明农村生活污水设施对 COD 的去除效果很明显，选择合适的农村污水工艺是避免流经村庄的河流受污染的重要措施。

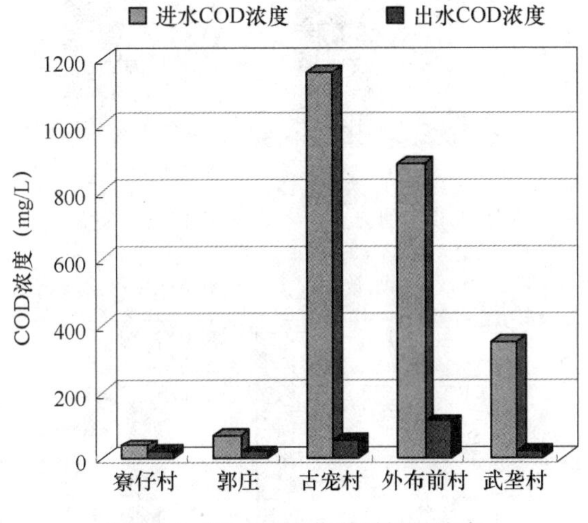

图 4-24 进、出水化学需氧量浓度

图 4-25 所示为河流上、下游生化需氧量（BOD_5）浓度，图 4-26 所示为进、出水生化需氧量浓度。由图 4-25 和图 4-26 可以看出，两个村子河流上游生化需氧量浓度为 0.6～0.8mg/L，中位浓度为 0.7mg/L；河流下游生化需氧量浓度为 0.4～0.6mg/L，中位浓度为 0.5mg/L；五个村子的生活污水的生化需氧量浓度为 1.5～29.4mg/L，进水中位浓度为 15.45mg/L；经过污水处理设施处理后出水生化需氧量浓度为 1～24.3mg/L，出水的中位浓度为 12.65mg/L；农村污水处理设施对污水中生化需氧量的去除率为 18.1%，出水浓度城镇污水排放标准（GB18918-2002）中化学需氧量的一级 B 排放标准为 20mg/L；说明农村生活污水设施对 BOD_5 的去除效果很明显，选择合适的农村污水工艺是避免流经村庄的河流受污染的重要措施。

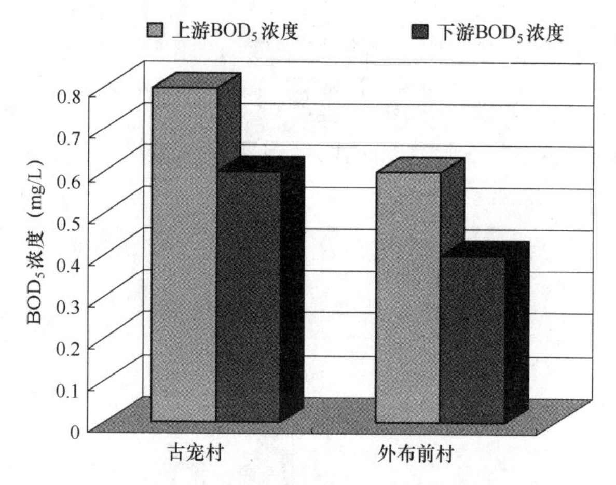

图 4-25　河流上、下游生化需氧量浓度

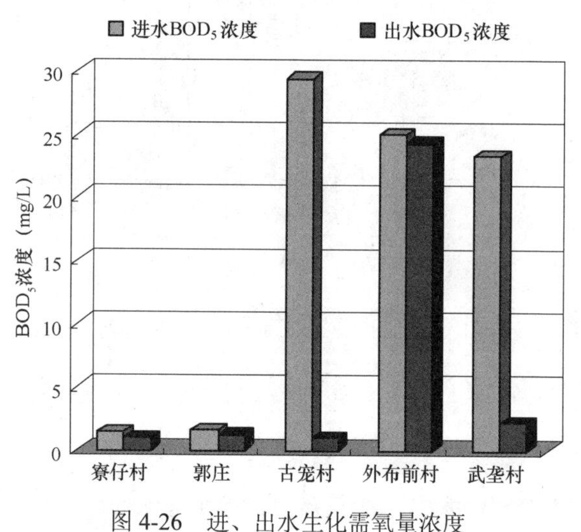

图 4-26　进、出水生化需氧量浓度

图 4-27 和图 4-28 所示为河流上、下游粪大肠杆菌浓度和进、出水粪大肠杆菌浓度。由图 4-27 和图 4-28 可以看出，两个村子河流上游粪大肠杆菌浓度为 4×10^4～5×10^5mg/L，中位浓度为 2.7×10^4mg/L；河流下游粪大肠杆菌浓度为 2.8×10^4～3.0×10^4mg/L，平均浓度为 2.9×10^4mg/L；五个村子的生活污水的粪大肠杆菌浓度为 5.6×10^4～4×10^6mg/L，进水中位浓度为 1.9×10^6mg/L；经过污水处理设施处理后出水粪大肠杆菌浓度为 1×10^3～5.4×10^6mg/L，出水

的中位浓度为 1.6×10^5mg/L；农村污水处理设施对污水中粪大肠杆菌的去除率为 91.6%，出水未达到城镇污水排放标准（GB18918-2002）中粪大肠杆菌的二级排放标准 1×10^5mg/L，虽然农村生活污水设施的处理对粪大肠杆菌具有很好的去除效果，但仍然需要进一步监控，主要原因为珠三角地区的农村散养畜禽的粪便经过化粪池处理后，排入生活污水管道一同处理，因此，粪大肠杆菌是农村生活污水重要的监测指标。

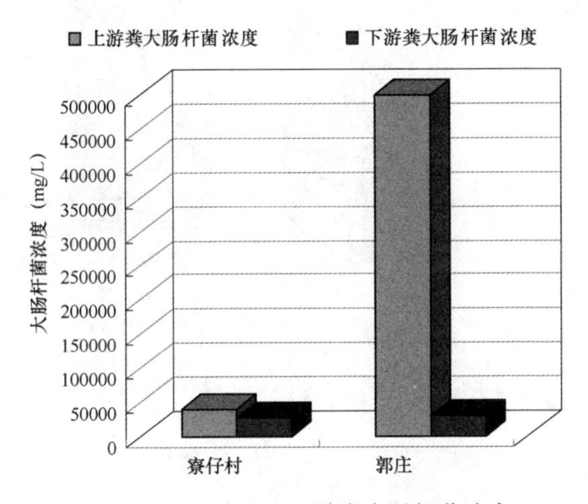

图 4-27　河流上、下游粪大肠杆菌浓度

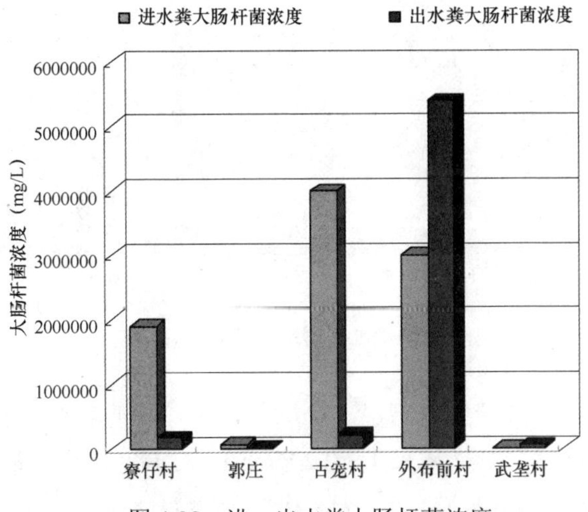

图 4-28　进、出水粪大肠杆菌浓度

如图 4-29 所示为河流上、下游动植物油浓度。图 4-30 所示为进、出水动植物油浓度。

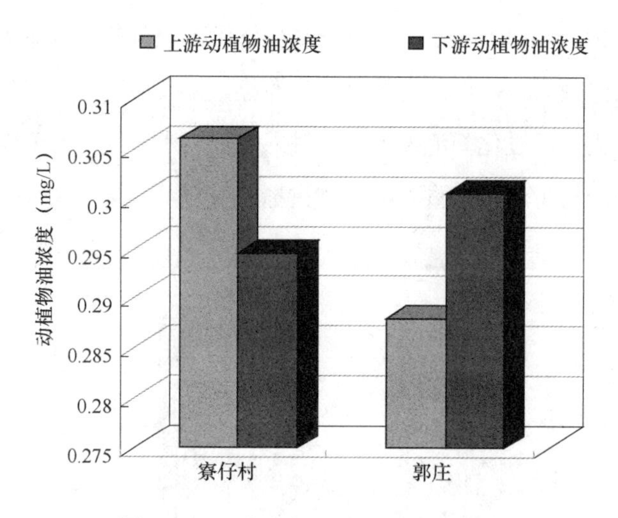

图 4-29　河流上、下游动植物油浓度

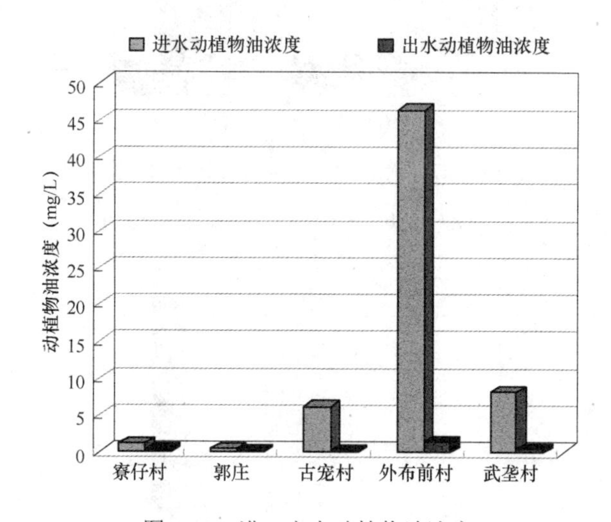

图 4-30　进、出水动植物油浓度

由图 4-29 和图 4-30 可以看出，两个村子河流上游动植物油浓度为 0.288～0.306mg/L，中位浓度为 0.297mg/L；河流下游动植物油浓度为 0.293～0.3mg/L，中位浓度为 0.297mg/L；五个村子的生活污水的动植物油浓度为 0.38～46.35mg/L，进水中位浓度为 6.2mg/L；经过污水处理设施处理后出水动植物油浓度为 0.296～1.405mg/L，出水的平均浓度为 0.316mg/L；农村污水处理设施对污水中动植物油的去除率为 94.9%，出水浓度达到城镇污水排放标准（GB18918-2002）中动植物油的一级 A 排放标准 1mg/L，说明农村生活处理设施对动植物油有很好的处理效果。出水对流经村庄的河流不会造成污染。

图 4-31 和图 4-32 所示为河流上、下游挥发酚浓度和进、出水挥发酚浓度。由图 4-31 和图 4-32 可以看出，两个村子河流上游挥发酚浓度为 0.0049～0.0145mg/L，中位浓度为 0.008mg/L；河流下游挥发酚浓度为 0.006～0.1mg/L，中位浓度为 0.008mg/L；五个村子的生活污水的挥发酚浓度为 0.006～0.03mg/L，进水中位浓度为 0.024mg/L；经过污水处理设施处理后出水挥发酚浓度为 0.012～0.048mg/L，出水的中位浓度为 0.013mg/L；农村污水处理设施对污水中挥发酚的去除率为 45.8%，出水达到城镇污水排放标准（GB18918-2002）中挥发酚的最高允许排放浓度 0.5mg/L。虽然农村生活污水设施对挥发酚的去除率较低，但挥发酚进出水的浓度都很低，不会对流经村庄的河流造成污染，因此，没有监测的必要性。

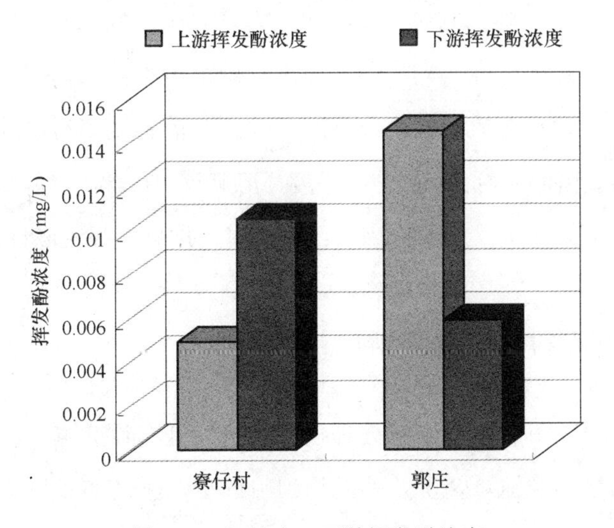

图 4-31　河流上、下游挥发酚浓度

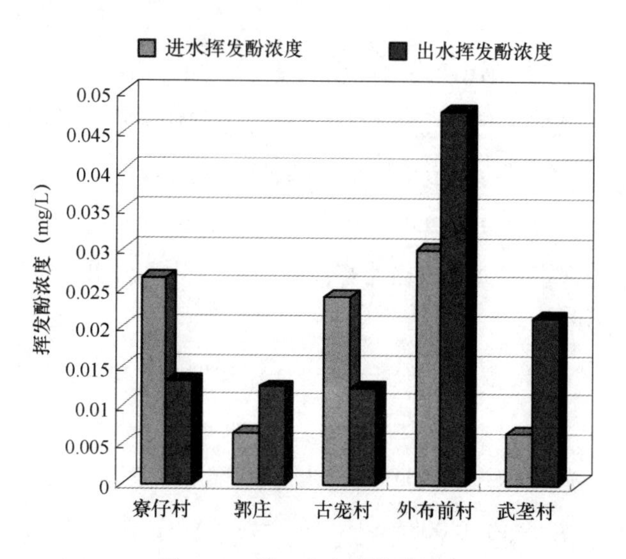

图 4-32　进、出水挥发酚浓度

综上所述，村镇监测指标中的重金属、阴离子表面活性剂的含量几乎监测不出；其他监测指标进行逐一分析与比较发现，其中挥发酚和氰化物排放浓度远远小于城镇污水排放标准，对河流污染不会构成风险，没有监测的必要。氨氮、总氮、化学需氧量、生化需氧量达到城镇污水排放标准的一级 A 标准，总磷达到排放标准的一级 B 标准，硫化物低于城镇污水排放标准的最高允许标准，粪大肠杆菌达到城镇污水排放标准二级标准，悬浮物达到城镇污水排放标准三级标准。因此，借鉴城镇污水排放标准，建议农村水环境监测指标为 pH 值、温度、溶解氧、悬浮物、氨氮、总氮、化学需氧量、生化需氧量、动植物油、总磷、硫化物、粪大肠杆菌。

4.3.2　农村水环境监测布点的原则

一般来说，可以在村镇的处理设施进水口处布设监测点，同时也可以根据当地的地形及流域情况，在纳污河流的上、下游布设监测点。但是，对于具有较丰富的河流水系来说，还需要充分考虑河流对污染物的迁移、转化作用，在具有支流的河流中，农村生活污水和散养畜禽污水监测布点既要考虑代表性，又要注重经济性。

根据现场调研及监测数据的分析，农村水环境的监测按如下原则进行布点。

（1）在污水进入农村污水处理设施前的汇集口设初始监测点，代表农村生活污水和散养畜禽污水的初始浓度。

（2）在污水处理设施的排污口设置监测点，代表污染物质在污水处理设施中的削减情况，以便选择最优的农村污水处理工艺。

（3）在河流上游距离排污口 100 米处和河流下游距离排污口 100 米处分别设置监测点，代表污染物对河流的污染情况。

通过以上监测布点，及时掌握农村生活和散养畜禽污水的处理排放浓度，防控污染物对农村水环境污染的各种风险。

4.3.3　农村水环境监测指标和频次

1. 监测指标

在监测指标确定过程中，为了有效考察农村生活污水和散养畜禽污水的处理效果，应该合理确定监测指标。如果指标过多，会造成人、财、物的浪费，甚至影响主要任务的完成；如果指标过少，则不能完全反映农村水体污染状况。因此，监测指标的确定应考虑下列原则。

（1）选择国家和地方标准中要求控制的污染物。

（2）根据调查得到的或水中大量检出、超标的污染物。

（3）已知对人体有害的水体中可能出现的污染物。

根据以上原则，确定农村生活和散养畜禽污水的必测和选测指标。

（1）必测指标：水温、pH 值、溶解氧（DO）、悬浮物、化学需氧量（COD）、总氮、氨氮、总磷、硫化物、动植物油和粪大肠杆菌。

（2）选测指标：铜、锌、铅、砷、汞、铬（六价）、挥发酚、阴离子表面活性剂。

2. 监测频率

监测频率可以从监测时间和监测次数两方面来考虑。

（1）监测时间分为丰水期、平水期和枯水期。之所以分为这三个时期，主要是因为降雨对河流污染物有较大的影响，随着丰水期的到来，降雨冲刷地面的污染物进入河流，增加了河流污染的风险。若农村生活污水和散养畜禽污水的收集方式为明渠，随着降雨也会增加污染物的排放量，因此，丰水期的监测必不可少。平水期和枯水期能较真实地反映农村当地排污纳污的情况，应根据实际情况进行采样。

（2）监测次数为每期采样一次，早晨 9: 00～11: 00 用水低峰时进行采样，中午 12: 00～14: 00 用水高峰时进行采样，下午 16: 00～18: 00 用水高峰时进行采样，将三个时段的水样进行混合作为当天的水样，监测分析日均水质指标。

第 5 章

农村生活源水污染风险管理监管政策

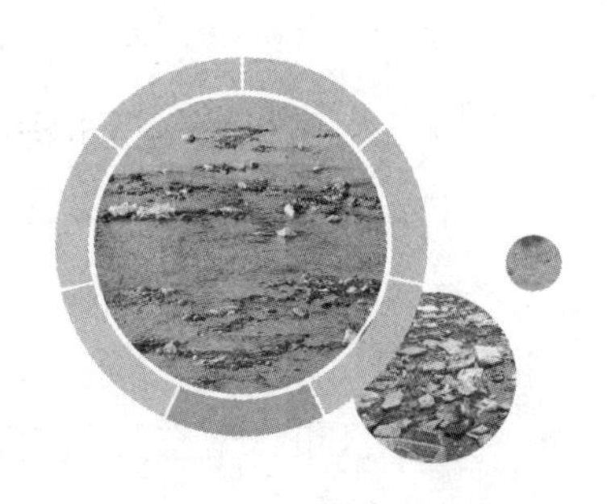

5.1 引言

按照污染形成的过程，本章通过提炼影响农村生活污水和散养畜禽污水污染的综合指标因子，构建风险评价模型，借助层次分析法确定模型中各指标的权重；在参考文献、问卷调查及专家咨询的基础上，对指标进行等级划分；将农村按照污染风险程度进行分类，分析不同污染风险等级的农村面临的主要问题，并提出针对性的风险管理意见和建议。

本章涉及管理学、环境管理学、环境政策学、行政管理学及社会学等多层面，具有跨学科性质。本书主要关注农村生活污水和散养畜禽污水污染，在对污染现状认识分析的基础上，分析对影响农村生活污水和散养畜禽污水污染风险的因素，对比如今已有管理政策对污染风险控制取得的成效，指出当今农村生活污水和散养畜禽污水污染风险监管中面临的问题，提出相关监管政策建议。

对于农村生活源水污染风险管理监管政策研究，主要采用以下方法。

1. 文献研究法

通过广泛阅读、收集和整理国内外相关文献、数据资料，大致掌握了西方发达国家在农村污水污染监督管理的研究进展及其对我国的启示。这对本书研究的分析框架和研究逻辑的形成具有指导作用和启发价值。

2. 实地调研

赴重庆市、南京市、沈阳市、湖北省等典型农村地区进行实地调研，并与当地政府干部、环保局相关工作人员和当地村民进行访谈，实际了解当地的情形。

3. 深度访问

调研问卷主要以开放性问题为主。聘请一百余位来自农村的在校大学生利用假期回老家的机会，对自己家庭所在地的水污染防治状况进行访谈，学生地区分布广泛，其中以珠三角和长三角地区生源为主，同时也包括东部发达城市，如浙江金华，以及西部经济较落后城市，如甘肃省某地等。

5.2 农村生活污水污染风险评价体系构建

5.2.1 农村生活污水污染风险评价体系构建思路

农村生活污水和散养畜禽污水污染风险存在很大的不确定性。风险驱动因子分析就是对将会出现的各种不确定性及其可能造成的影响和影响程度通过定性、定量或两者结合的方法进行分析的一种方法。

本书通过风险驱动因素分析，找出目前农村生活污水和散养畜禽的污染风险驱动因子的贡献率，并研究我国当前对这些驱动因子的法律约束条件现状，提出相应的立法导向建议，从而降低风险造成的影响或减少其发生的可能性。风险分析的常用方法有层次分析法和专家打分法，本书的风险分析采用专家打分法，针对研究的问题，进行层次结构分析，形成指标体系。

5.2.2 建立指标体系的原则

农村生活污水污染风险指标应当层次分明、分类清晰、内容全面。为了使评价体系能更客观、更真实地反映实际情况，建立评价指标体系应贯彻以下构建原则。

1. 可获取原则

选择风险评价指标时，首先，应该考虑指标体系的简洁明确、数据的可获得性，以及后续评估的简便性，确认该指标是容易获取的。其次，如果选取的指标没法直接量化，则需要行业权威人士进行多方评价，最后得到相关数据。可获取原则是建立指标体系的前提及关键点。

2. 实用性原则

指标体系的建立并不是纯理论的探讨，主要目的是应用评价指标体系这个工具，更好地识别污染风险，能够方便农村环保机构或相关人员识别确认风险，然后找到问题的关键点及对应的解决方案。

3. 系统性原则

指标体系作为一个整体，要较全面、较系统地反映被评价地区的污染情况。因此，在构建环境绩效评价指标体系时，要从系统的观点出发，把整个评价体系作为一个相对独立而又与周围环境体系紧密联系的系统。在系统性原则下，充分考虑全局的因素。

4. 动态性原则

动态性原则主要是指污染随着时间的推移会发生变化，应注意选择能够灵敏反映当地污染变化趋势的指标，能够及时将生活习惯及社会经济环境变化带来的污染变化反映出来。

5. 可比性原则

污染风险评价指标体系的建立应具有横向的可比性。不同农村之间具有可比性，才使得评价指标体系更有价值。一套评价指标体系是对同一时间、不同地区的所有农村污染情况进行系统综合的评价而建立的，在选择指标时，需要充分考虑不同农村的差异性。在具体指标选择上，需要通用的指标标准，以此确保不同农村在不同时期及更大的范围内具有可比性。

5.2.3 农村生活污水污染风险识别

风险识别是风险评价的基础，主要是通过定性分析及经验判断，识别评价系统的风险源、风险类别和可能的损失程度，最终确定主要的风险源。风险源的确定是通过分析农村生活污水的来源到排放的全环节中可能造成的污染而进行判定的。

1. 农村生活污水污染来源

农村生活污水一般来源于以下几方面，如图 5-1 所示。

第一是厨房污水，多由洗碗水、刷锅水、淘米和洗菜水组成。随着生活水平的提高，农村肉类食品及油类使用量开始增加，生活污水的油类成分开始增加。经济水平的改善也使得农村物质丰富，厨余垃圾快速增加，家庭有养殖畜禽的可以直接回收给畜禽，家庭畜禽无法消化的部分，则会以垃圾或污水的形式直接处理，这也成为近些年农村污水的重要组成部分之一。

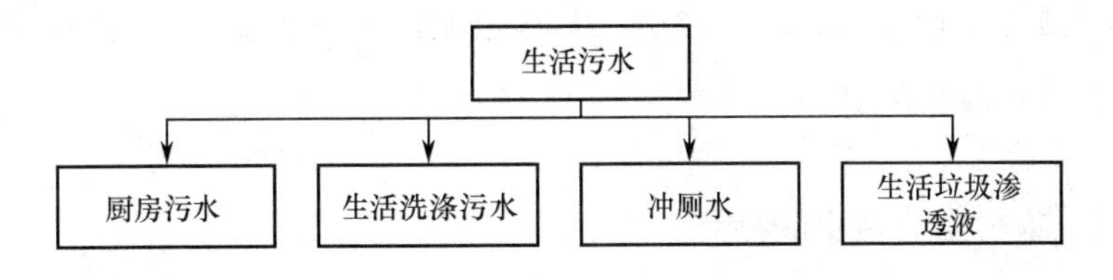

图 5-1　农村生活污水一般来源

第二是生活洗涤污水，包括洗澡、洗头、洗衣、室内清洁等清理时产生的污水。其中用了大量的洗涤用品，洗涤污水含有大量化学成分，污水成分变得复杂。例如，随着农村城市化水平和农民收入的提高，农村居民开始使用大量更多样化的化工洗涤产品，包括洗洁精、洗发水、沐浴露、洗面奶等，洗涤污水含有大量磷。这些成为农村生活污水的一部分，在高锡芸《关于富营养化与洗涤剂禁（限）磷》的研究中发现，太湖洗衣废水占生活污水的 21.6%，巢湖、滇池大约为 17.9%。

第三是冲厕水。农村之间差异性很大，除了传统的旱厕，如今部分农村改水改厕后，使用了抽水马桶或卫生厕所。传统的旱厕产生的污水，一般会当作肥料返还农田；但冲厕产生的污水大都直接排放，或经过排污沟渠排放，几乎都没有经过任何处理措施，只有极少数发达的地方，建有污水处理设施，会经过简单处理后再排放或汇集后集中处理再排放。

第四是生活垃圾渗透液。随着农村生活水平的提高，农村生活垃圾种类和数量增多了，主要包括丢弃的食物蔬菜、尼龙塑料、纸片、草木灰、建筑垃圾等。农村生活垃圾面广、量大，不仅占用了大量耕地面积，成为蚊蝇的滋生地，其渗漏液还污染地表水和地下水，导致农村生态环境恶化成为面源污染，特别是在汛期，各种垃圾随着雨水流到河边、溪边，严重污染水体，还造成河道堵塞。全国农村生活垃圾年产生量 2.8 亿吨，露天堆放量超过 30%，平均处理率为 20%左右，绝大部分生活垃圾未经处理。据建设部 2005 年 10 月《村庄人居环境现状与问题》调查报告，89%的村庄将垃圾堆放在房前屋后、坑边路旁，甚至水源地、泄洪道、村内外池塘，无人负责垃圾收集与处理。

2. 农村生活污水的特点

（1）面广、分散。农村与城市相比，占地面积大，人口不集中，分布密度小。有的十户八户就是一个村，即使是中心村，相对也比较分散。污水排放相当分散，排放面也较广。

（2）来源多。如上所述，农村生活污水来源十分广泛，除了来自人类粪便、厨房产生的污水外，还有家庭清洁、生活垃圾堆放渗滤而产生的污水。

（3）量大、增长快。农村地区生活污水排放量为 90 多亿吨。随着农民生活水平的提高及农村生活方式的改变，农村居民对生活品质的要求更多，不论是厨房用水、洗涤用水还是冲厕水产生的污水量都有所增加。

（4）水质相对稳定。农村生活污水的水质比较稳定，有机物和氮磷等营养物含量较高，一般不含有毒物质，污水还含有合成洗涤剂，以及细菌、病毒、寄生虫卵等。

（5）排放方式粗放、处理率低。农村生活排水途径主要有直接洒向地面、就近排入河道、通过下水道入河等。但总体来说，农村地区管网入户率较低，污水处理设施普及率更低，96%的村庄没有排水渠道和污水处理系统。

（6）间歇排放，变化大。农村居民没有固定的上下班作息时间和相对稳定的生活习惯，因此，农村生活污水的排放为不均匀排放，瞬时变化较大，日变化系数一般为 3.0～5.0，同时农村生活污水还具有早、中、晚不同时段相对集中排放等特点。

（7）影响因素复杂。影响农村生活污水的因素很多，除了人口数、人均用水量等会直接影响污水的产生量以外，地区经济水平、生活习惯和当地水资源状况也会间接影响污水的产生。供水方式、污水排放方式及污水的处理方式都会对地区污水污染产生影响。

5.2.4 农村生活污水污染风险评价指标确认

由于农村生活污水污染具有来源复杂、面广、分散排放无规律等特点，在污水的防治方面困难较大；而且由于我国农村无论是从地域上、气候上，还是经济发展状况上，差异性都十分巨大。

本书试图描述从供水、污水产生排放和处理，到污水直接释放到不同环境负荷地区的整个过程，并在这一系列过程中确定环境风险评价指标。如图 5-2 所示为农村生活污水污染形成示意，从图中可以看到农村生活污水污染产生的过程。

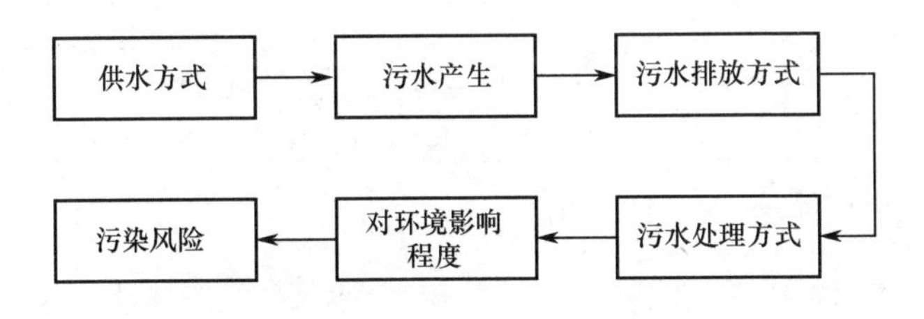

图 5-2 农村生活污水污染形成示意

通过查阅相关文献、实地调查和专家调查法，最后确定污水产生量、污水排放方式、污水处理方式及污染承受力 4 个方面，每个一级指标均受不同具体指标的影响，因而产生了人均水资源量、自来水普及率、人均用水量、人口规模、卫生厕所普及率、排污管网普及率、污水处理设施普及率、生活垃圾处理率、所处水功能区、地区经济条件及环保政策实施情况

11 个具体的二级指标因子，如图 5-3 所示。

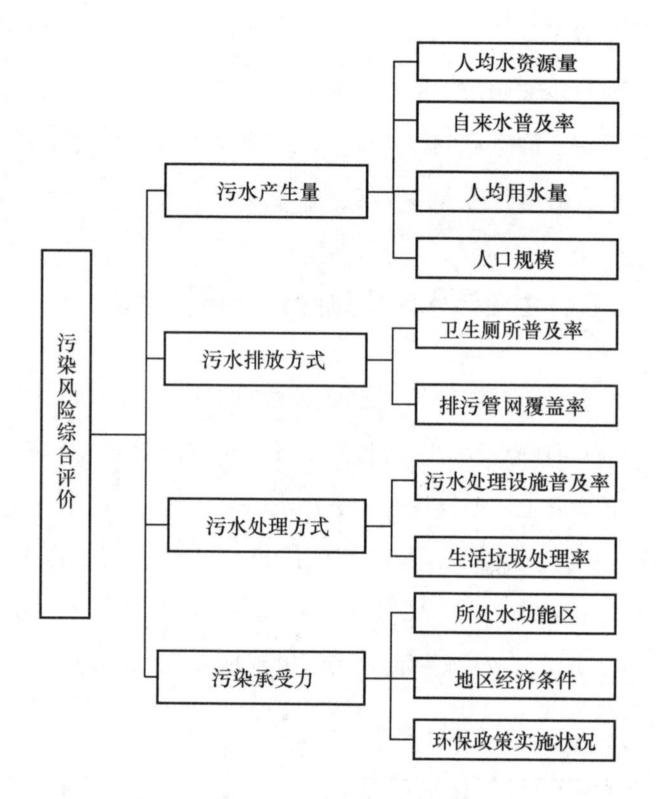

图 5-3　农村生活污水污染风险影响因素

1. 污水产生量

污水产生量直接受地区的水源状况影响，地域差异决定了不同地方不同的水源情况，中国的水资源时空分布很不均匀，长江流域及其以南地区的水资源约占全国水资源总量的 80%，黄、淮、海流域的水资源只有全国的 8%。水资源储量直接影响着居民生活用水情况，一般情况下，水资源储量丰富的地区（如长江流域及其以南地区）年用水量要比水资源相对缺乏的地区用水量大得多。人均水资源量是衡量一个国家或地区水紧张情况的重要指标。

现如今农村用水来源一般分为池塘直接取水、井水、自来水。传统农村生活用水直接来源于周边池塘，但随着近些年污染严重，直接从河水取水用不再现实，大多都是使用井水，经济发展较好的地方开始使用自来水，但是目前农村地区自来水普及率并不高。根据2008年卫生部在全国范围内组织的第四次国家卫生服务调查，农村住户自来水普及率达到41.9%，也就是大多数农村用户还没法用上自来水。按照供水方式分类，饮用集中式供水的人口占55.10%，饮用分散式供水的占44.90%。与1988年全国调查数据比较，近20年农村集中式供水覆盖率增加了34.32%。如果生活用水来源于河水或井水，则用水量无从估算。

由于我国地域差异性大，各地人口密度差异悬殊，农村人口总量会直接影响污水的总排放量。川杨俊等（2005）的研究表明，因受人口密度等因素的影响，各省农村的用水指标值差别很大，从而导致不同地域农村生活污水的产生和排放特点也存在很大的差异。

人均用水量是指使用公共供水设施或自建供水设施供水的用水量。城市居民人均用水量是指城市家庭日常生活使用的自来水量；农村人均用水量是指已实施饮水安全地区的人均用水量。在1989年发布的《农村生活用水量卫生标准》（GB11730-1989）中对农村生活饮用水量就有了规定，虽然由于供水设施、自然地理条件和经济社会发展等多方面的原因，并不是所有农村居民都拥有标准的安全用水量，但是此标准提供了一个参考，按地区农村人均用水量要求的标准参考。农村人均用水量差异主要因为地域差异，彭绪亚等（2009）对重庆三峡库区3个行政区不同经济水平、有无下水设施的18户典型农户的监测，发现中农村生活污水人均日产生量的主要影响因素为地域。南方和北方、经济发达地区和经济水平较不发达地区，人们生活习惯差异大，人均用水量差异性也十分大，北方农村洗涤用水量明显要比南方农村洗涤用水量少。

2. 污水排放方式

不同的污水排放方式污染的程度不一样。现今有些农村地区还是将污水直接泼洒在地面上，那么污水将直接渗透到地下，污染地下水。大多数农村地区则是沿排水管道或沟渠排放，然而，如果渗漏情况非常严重，污水沿排水沟渠几乎全部就地下渗。在经济发达地区，若建立污水收集管网，形成集中排放，则可以减少排放过程中的水体污染。据《中国农村饮用水和环境卫生现状调查》显示，有44.29%的生活污水是随意排放的。排污管网覆盖率直接决定了该地污水排放率可能带来的风险程度。

早在20世纪60年代，我国就提出了在农村进行“两管五改”，即管水、管粪便、改水、改炉灶、改厕所、改畜圈、改造环境，但却未能持续推广开来。直到党的十一届三中全会之后，农村改水事业得到长足发展，1980年，由爱国卫生运动委员会承担《国际饮水供应和环境卫生十年活动》中国委员会，落实执行农村改水改厕工作。农村改厕工作的主要任务是结合当地做好卫生厕所的推广工作，积极推进整村整乡的卫生厕所联片建设工作。各地爱卫会要和农业科技部门密切配合，在有条件的地区大力开展沼气式卫生厕所的建造，在条件差的地区推广使用双翁漏斗式卫生厕所。截至2010年11月底，全国共完成783万户无害化卫生厕所建设，已超额完成2009年、2010年的项目任务，为实现“十一五”规划全国农村卫生厕所普及率达到65%的目标提供了有力保障。

3. 污水处理方式

建设部的《村庄人民环境现状与问题》调查报告，对我国具有代表性的9个省、43个县、74个村庄的入户调查显示，96%的村庄没有排水渠道和污水处理系统。随着经济实力的增强，尤其是发达省份在经济发展到一定阶段后，逐步认识到农村污水处理问题的重要性，并开始采用一些实用、合理、低能耗和低运行费用的技术来处理污水。不同地区采用的污水处理技术也会不一样，带来的效果也会不一样。常见处理技术有人工湿地、沼气池等。

全国农村生活垃圾年产生量2.8亿吨，露天堆放量超过30%，平均处理率为20%左右，绝大部分生活垃圾未经处理。据建设部2005年10月《村庄人居环境现状与问题》调查报告，89%的村庄将垃圾堆放在房前屋后、坑边路旁，甚至水源地、泄洪道、村内外池塘，无人负责垃圾收集与处理。在农村环境综合整治过程中，建立农村“村收集、乡镇中转、区域填埋”的垃圾收运处置体系，有效遏制了农村垃圾随意排放，是工作的重点之一。

4. 污染承受力

水功能区划采用两级分区，即一级区划和二级区划。一级功能区分四类，即保护区、保留区、开发利用区、缓冲区；二级功能区分七类，即饮用水源区、工业用水区、农业用水区、渔业用水区、景观娱乐用水区、过渡区、排污控制区。此处采用的是二级功能区中的划分。不同水功能区对水质要求不一样，势必需要采取不一样的防治方式。

地区经济条件是影响一个地方用水排水，以及处理设施的主要条件之一；同时，更是决定当一个地区发生污染风险时是否具备快速反应和治理的能力及预防风险能力的关键。

农村环保政策实施力度地区差异性大，资源分配不均。以示范村为例，由于采用申报制，“以奖促治、以奖代补”导致拥有治理能力的村庄能够有更多的申报机会，能够得到更多的投资；而无法达到申报条件的村庄自身就无能力治理，更加没有机会去得到国家的投资，造成“富者越富，穷者越穷”。例如，目前已有的8批共1027个全国环境优美乡镇，其中浙江省最多，有238个，而同为人口大省的中部地区湖北才有8个；2批107个国家级生态村中，江苏最多，有13个，湖北最少，只有1个。根据示范村建设情况，按地区汇总可以看到政策实施力度的差异性。

全国环境优美乡镇和国家级生态村地区分布情况如图 5-4 所示。

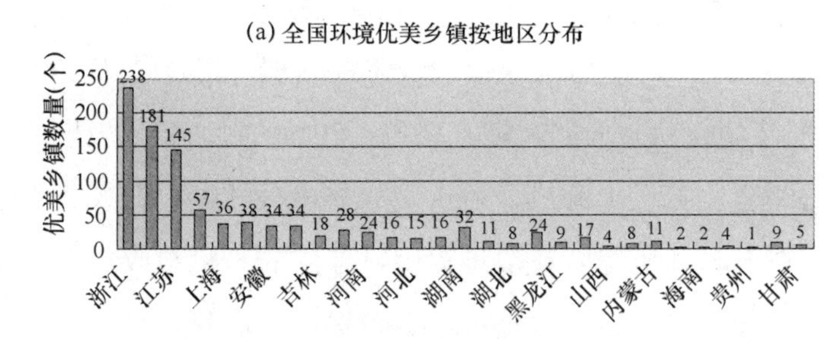

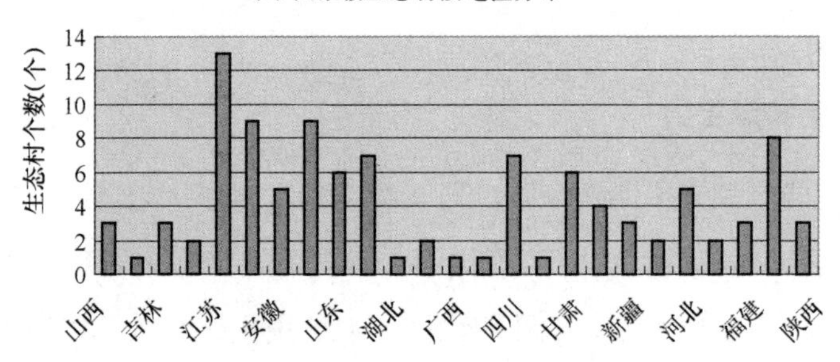

图 5-4　全国环境优美乡镇和国家级生态村分布情况

此外，在政策实施到的地区和没有实施到的地区之间，污染防治差异性也十分巨大。通过对《国家级生态村标准》、《全国环境优美乡镇考核标准》的分析发现，成为优美乡镇要求包括：农村生活用水卫生合格率不小于 90%，生活垃圾无害化处理率不小于 90%，生活污水集中处理率不小于 70%等；而国家级生态村的要求更为严格，要求垃圾定点存放率为 100%，无害化处理率东、中、西部分别不小于 100%、90%、80%，生活污水处理率分别不小于 90%、80%、70%，户用卫生厕所普及率分别不小于 100%、90%、80%等。截至 2009 年年底，中国农村的整体情况却是，卫生厕所普及率为 63.2%，全国生活垃圾无害化处理率才到 71.4%，据估计农村地区处理率为 10%左右，大多数农村几乎没有任何污水排放和处理设施。

5.3 基于层次分析法的农村生活污水污染风险综合评价

多指标综合评价是指人们根据不同的评价目的，选择相应的评价形式，据此选择多个因素或指标，并通过一定的评价方法，将多个评价因素或指标转化成能够反映评价对象总体特征的信息。多指标综合评价基本步骤主要包括：选择适当的指标；确定权重；根据实测数据及其规定标准，综合考察各评价指标，探求综合指数的计算模式；合理划分评价等级；检验评价模式的可靠性。其中，权重的确认是最重要的环节之一。权重是衡量被评价事物总体中诸因素相对重要程度的量值。不同指标对综合评价的影响程度不同，权重分配直接关系着综合评价结果。

在多指标综合评价中，常用的权重分配方法主要有以下两种。

一是客观法。客观法是指单纯利用属性指标来确定权重的方法，主要包括主成分分析法、熵值法、多目标规划法、基于方案贴近度法、改进理想解法、离差及均差法等。

二是主观法。主观法是由决策分析者对各属性的主观重视程度而进行赋权的方法。确定权重的方法主要包括最小平方法、专家调查法法、层次分析法（AHP）、二项系数法、环比评分法、比较矩阵法等。由于其中给定的某些数据是由决策者凭主观经验判断而得，进而最终的结果具有很强的主观性。此后有些学者将主观与客观相结合，提出组合赋权方法。

首先，由于农村环境的监测基本处于空白，更不用谈历史数据的累积，大量数据收集成本十分昂贵，使得我们缺乏客观数据的支持；其次，在农村生活污水污染风险评价体系中，指标繁多、复杂，层次分析法则是专门针对指标复杂且有不同层次的评价方法，且较为完善，计算也比较简单；最后，层次分析法只需要相对来说比较少的数据，且具有很好的兼容性，方便以后对体系有更深入的研究。综合上述三点，综合效率与效果，本书选取层次分析法确定指标权重。

5.3.1 层次分析法实施步骤

层次分析法原理介绍可参照3.2节有关内容，下面介绍层次分析法实施的具体步骤。

根据评价对象的情况，确定评价指标，由于评价因素很多，可将各评价因素分类组合，形成一种层次结构。一般模型分为3层，最高层为目标层；中间层为准则层，代表了风险综合评价的主要影响因素；最底层对应于风险综合评价各主要影响因素的具体因素，如图5-5所示。

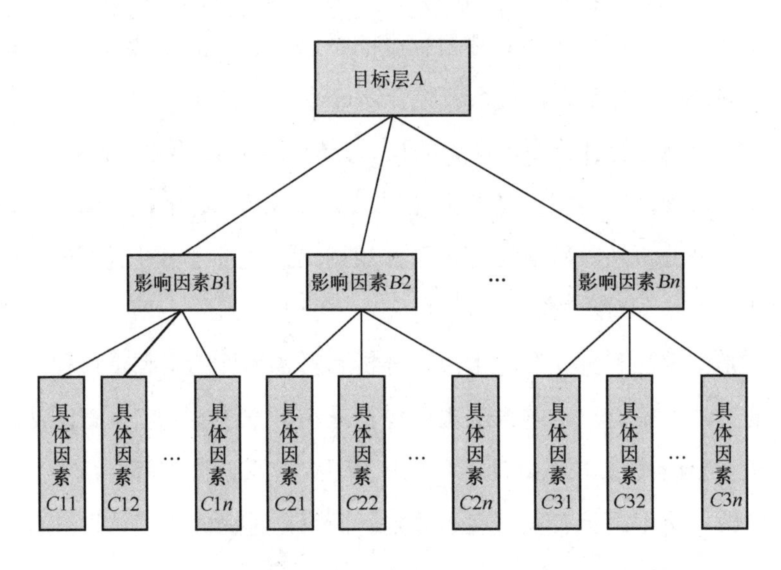

图5-5 评价指标

对每一个因素构造判断矩阵，主要通过专家组，对两两因素进行判断比较，形成判断矩阵，Saaty引用了表5-1中的1～9标度方法。用表5-1所示的标度打分，得出判断矩阵。

表5-1 判断矩阵

相对重要程度 a_{ij}	定 义	解 释	a_{ij}
1	同等重要	目标 i 和 j 一样重要	1
3	略微重要	目标 i 比 j 略微重要	1/3

续表

相对重要程度 a_{ij}	定　义	解　释	a_{ij}
5	明显重要	目标 i 比 j 重要	1/5
7	强烈重要	目标 i 比 j 重要得多	1/7
9	绝对重要	目标 i 比 j 极端重要	1/9
2、4、6、8	介于相邻重要程度之间		1/2、1/4、1/6、1/8

计算判断矩阵的最大特征根及其对应的特征向量。矩阵的特征向量和特征根的计算方法通常有三种：方根法、正规化求和法、求和法。本书采用正规化求和法计算特征根（$\lambda_{\max}$）和特征向量（$\boldsymbol{W}$），计算原理如下。

（1）列向量标准化：$\overline{C_{ij}} = \dfrac{C_{ij}}{\sum\limits_{i=1}^{n} C_{ij}}$　（$i, j = 1, 2, 3,\cdots,n$）

（2）按行求和：$\overline{\boldsymbol{W}_i} = \sum\limits_{i=1}^{n} C_{ij}$　（$i, j = 1, 2, 3,\cdots,n$）

（3）对向量 $\boldsymbol{W}$ 正规化：$\overline{\boldsymbol{W}_i} = \dfrac{\boldsymbol{W}_i}{\sum\limits_{i=1}^{n}\overline{\boldsymbol{W}_i}}$　（$i, j = 1, 2, 3,\cdots,n$）

（4）计算判断矩阵的最大特征根 $\lambda_{\max}$：$\lambda_{\max} = \dfrac{1}{n}\sum\limits_{i=1}^{n}\dfrac{(\mathbf{CW})_i}{\boldsymbol{W}_i}$，其中 $(\mathbf{CW})_i$ 是向量 **CW** 的第 i 个分向量，最后对判断矩阵进行一致性检验。

计算一致性公式为 $\mathrm{CI}=(\lambda_{\max}-n)/(n-1)$。当完全一致时，$\mathrm{CI}=0$。CI 越大，矩阵的一致性越大；CI 越小，矩阵的一致性越差。

当阶数≤2 时，矩阵总有完全一致性；当阶数≥2 时，称为矩阵的随机一致性比例。判断矩阵的维数 n 越大，判断的一致性越差，所以，当维度比较多时，引入一个修正值 RI，并且修正后的 CR 为衡量判断矩阵一致性的指标。对 1～9 阶矩阵，平均随机一致性指标 RI 如表 5-2 所示。

表 5-2　随机一致性 RI 表

阶数	1	2	3	4	5	6	7	8	9
RI	0.00	0.00	0.58	0.90	1.12	1.24	1.32	1.41	1.45

修正后的 CR 指标计算公式为

$$\mathrm{CR}=\frac{\mathrm{CI}}{\mathrm{RI}}$$

当 CR＜0.1 或为 0.1 左右时，矩阵具有满意的一致性，否则需要重新调整矩阵。矩阵的不一致性可接受时，***W*** 即为权重。总排序的计算从目标层开始，由上而下逐层排序，直到要素层为止。

5.3.2　农村生活污水污染风险评价指标权重确认

本书建立由总目标层、子目标层、指标层构成的三层指标体系模型。其中，总目标层是农村生活污水污染风险综合评价；子目标层包括 4 个一级指标：污水产生量、污水排放、污水处理方式、污染承受力；指标层，在 4 个一级指标下具体分为 11 个二级指标。这些指标中既有定量指标，又有少量定性指标，可以比较全面地反映影响农村生活污水污染风险的主要因素和我国农村的特点。该指标体系的主要特点是结构简单、层次清楚、指标精干、含义明确，既相互联系又相对独立。构建综合评价的递阶层次模型如表 5-3 所示。

表 5-3　综合评价的递阶层次模型

总目标层	子目标层	具体指标
农村生活污水污染风险分析 *A*	污水产生量 *B*1	人均水资源量 *C*1
		自来水普及率 *C*2
		人均用水量 *C*3
		人口规模 *C*4
	污水排放方式 *B*2	卫生厕所普及率 *C*5
		排污管网覆盖率 *C*6
	污水处理方式 *B*3	污水处理设施普及率 *C*7
		生活垃圾处理率 *C*8
	污染承受力 *B*4	所处水功能区 *C*9
		地区经济条件 *C*10
		环保政策实施状况 *C*11

如表 5-4 所示为准则层 *B* 指标对目标 *A* 的判断矩阵。

表 5-4　准则层 *B* 指标对目标 *A* 的判断矩阵

A	*B*1	*B*2	*B*3	*B*4	权重
*B*1	1	1/5	1/3	1/7	0.1821
*B*2	5	1	1/2	1/4	0.2459
*B*3	3	2	1	1/2	0.2717
*B*4	7	4	2	1	0.3003
一致性=0.0649<0.1，具有满意的一致性					

如表 5-5 所示为因素指标相对准则层 *B*1 的判断矩阵。

表 5-5　因素指标相对准则层 *B*1 的判断矩阵

*B*1	*C*1	*C*2	*C*3	*C*4	权重
*C*1	1	1/5	1/3	1/7	0.1269
*C*2	5	1	2	1/2	0.2825
*C*3	3	1/2	1	1/4	0.2093
*C*4	7	2	4	1	0.3813
一致性=0.0037<0.1，具有满意的一致性					

如表 5-6 所示为因素指标相对准则层 *B*2 的判断矩阵。

表 5-6　因素指标相对准则层 *B*2 的判断矩阵

*B*2	*C*5	*C*6	权重
*C*5	1	3	0.5987
*C*6	1/3	1	0.4013
一致性=0<0.1，具有满意的一致性			

如表 5-7 所示为因素指标相对准则层 *B*3 的判断矩阵。

表 5-7　因素指标相对准则层 *B*3 的判断矩阵

*B*3	*C*7	*C*8	权重
*C*7	1	1/4	0.3543
*C*8	4	1	0.6457
一致性=0<0.1，具有满意的一致性			

如表5-8所示为因素指标相对准则层$B4$的判断矩阵。

表5-8　因素指标相对准则层$B4$的判断矩阵

$B4$	$C9$	$C10$	$C11$	权重
$C9$	1	5	3	0.4718
$C10$	1/5	1	1/3	0.2120
$C11$	1/3	3	1	0.3162
一致性=0<0.1，具有满意的一致性				

如表5-9所示为层次总排序表。

表5-9　层次总排序表

排　序	具体指标	总权重
11	人均水资源量$C1$	0.0231
9	自来水普及率$C2$	0.0514
10	人均用水量$C3$	0.0381
7	人口规模$C4$	0.0694
2	卫生厕所普及率$C5$	0.1472
4	排污管网覆盖率$C6$	0.0987
5	污水处理设施普及率$C7$	0.0963
1	生活垃圾处理率$C8$	0.1754
3	所处水功能区$C9$	0.1417
8	地区经济条件$C10$	0.0637
6	环保政策实施状况$C11$	0.0950
汇总		1.0000

在层次分析法的运用过程中，以上判断矩阵数值是根据2000—2010年《中国统计年鉴》，并参考相关文献结果及咨询有关专家确定的，经过计算检验后得到了令人满意的一致性。总权重排序的计算结果主要取决于判断矩阵的数值的准确性。因此，为了提高层次分析法的可靠性，在以后的工作中应尽可能咨询更多专家的意见，以取得更多的数据样本。

5.3.3　农村生活污水污染评价体系指标的分级

1. 指标分级依据

1）相关政策规定

虽然没有完整统一的标准，但是在有些政策规定中，涉及了相关分级标准。参照这些已经实施的政策，指标会更具有科学性。

2）国内外相关文献的分级

国内外的相关分级，很多都经过了理论与实践的检验，若想分级的标准符合实际情况，可参考文献资料进行分级。

3）问卷调查

本研究设计了《城镇水体污染防治现状调查》问卷，问卷调查人员主要为广州大学、广东商学院、中山大学等学校环境学相关专业来自农村地区的同学，共收回有效问卷138份。

4）深度访谈

为了使指标评定具有真实性，涉及地区更广、更全面，作者聘请了来自不同地区（包括：富裕地区，如浙江；较发达地区，如广东；中等发达地区，如湖南、湖北；贫困地区，如甘肃）的同学利用寒假时间对当地农村生活污水状况进行了深度访谈。

2. 指标分级的确定

指标一般分为正向指标和反向指标。正向指标越大越好，反向指标则越小越好。

1）人均水资源量

人均水资源量是一个正向指标，水资源量越大风险越小。根据《2011年中国统计年鉴》中的数据显示，人均水资源量最低的省市为天津，人均水资源量为72.8立方米/人，人均水资源量为最高的省市为西藏，人均水资源量为153681.9立方米/人，中国平均水资源量约为7298.82立方米/人。国际上规定，人均水资源量在1000立方米/人以下为重度缺水。全国31个省（自治区）中有10个省（自治区）在1000立方米/人以下，而除了青海和西藏在世界平均水平7500立方米/人之上，其他均在此之下。本书将人均水资源量高于7500立方米/人的地区设为风险小的地区，1000～7500立方米/人的地区设为风险适中地区，1000立方米/人以下的地区设为风险较大地区。

2）自来水普及率

根据问卷结果显示，70.91%的地区已经拥有了自来水，26.09%的地区使用的是井水。从问卷结果可以看到，农村用水主要为自来水和井水，辅以少量的河流用水。有关农村自来水普及率的具体数据还没有细致的统计，因而，此处用描述性的表达来进行指标的分级。以自来水为主的地区为风险小的地区，此类地区自来水普及率高于50%；以井水为主、自来水为辅的地区为中等风险地区，此类地区自来水普及率低于50%；完全没有自来水的地区为高风险地区，自来水普及率基本为零。

3）人均用水量

人均用水量是一个反向指标，即人均用水量越多，带来的污染风险越大。在问卷中，将人均用水量分为5类进行设置，具体的数据分布如表5-10所示，按照比例分布情况，将分类设置成3个等级，分为＜60L/人·d、60～80L/人·d、＞90L/人·d。

表5-10　关于人均用水量调查表及统计结果

调查选项	问卷数量（份）	比　例
A．＜60L/人·d	51	36.96%
B．60～70L/人·d	45	32.61%
C．70～80L/人·d	24	17.39%
D．80～90L/人·d	12	8.7%
E．＞90L/人·d	6	4.35%

4）人口规模

上文所提到的问卷中，将人口规模分为了以下5类，如表5-11所示。人口规模是一个反向指标，人口规模越大，污染产生量越大，污染风险越大。因而，本节设置了3类分级标准：将500人以下认为一个等级，为污染风险最小的一类，占10.87%的比例；将500～3000人分为一个等级，为污染风险中等的一类，占49.27%的比例；将大于3000人分为一个等级，为污染风险较大的一类，占约39.86%的比例。

表5-11　关于人口规模调查表及统计结果

调查选项	问卷数量（份）	比　　例
A．＜500人	15	10.87%
B．500～1000人	26	18.84%
C．1000～2000人	11	7.97%
D．2000～3000人	31	22.46%
E．＞3000人	55	39.86%

5）卫生厕所普及率

卫生厕所普及率是一个正向指标，卫生普及率越高，风险越小。根据《2010年中国统计年鉴》，发现31个省（自治区）的卫生厕所普及率平均为62.3%，但不同地区差异性比较大，普及率最高的（如上海地区）达到96.6%，较低的（如内蒙古自治区）为34.5%，而西藏地区还没有。参考这些数据，将农村卫生普及率分为三类，分别为：80%以上为风险较小地区，大约19.35%；50%～80%为风险中等地区，覆盖了51.61%的地区；29.03%的地区卫生厕所普及率在50%以下，此类为风险较大地区。

6）排污管网覆盖率

排污管网覆盖率越高，污染风险越小，这是一个正向指标。在对13个地区农村的深度访谈中，我们发现有管网的基本达到了95%或100%的覆盖率；有些地区有60%左右，一般都是地区差异性较大的农村，如有部分在实行新农村试点；而大部分则是完全没有排污管网的。介于此，将管网覆盖率分为 90%以上、60%～90%及 60%以下。

7）污水处理设施普及率

目前我国农村大部分地方基本没有任何污水处理设施。农村环境综合整治的主要方式是通过建立生态示范村、环境优美乡镇。这些地区因为配套资金的作用对生活污水处理有了相应的要求，《国家级生态村标准》要求生活污水集中处理率不小于 70%；《全国环境优美乡镇考核标准》要求生活污水处理率东、中、西部分别不小于 90%、80%、70%。

农村生活污水处理设施普及率越高，污染风险越小。我们将污水处理设施普及率在 70%以上的地区称为污染风险小地区，有污水处理设施但是普及率在 70%以下的地区称为污染风险适中地区，完全没有污水处理设施的地区称为污染风险大的地区。

8）生活垃圾处理率

我国生活垃圾处理现状是，截至 2009 年年底，全国生活垃圾无害化处理率达到 71.4%，据估计，农村地区处理率为 10%左右，也就是说大多数地区农村垃圾处理还是空白，因而专门针对农村地区的生活垃圾处理率的数据也属于空白。《全国环境优美乡镇考核标准》要求生活垃圾无害化处理率不小于 90%，《国家级生态村标准》规定无害化处理率东、中、西部分别不小于 100%、90%、80%。因此，我们可以看到环境风险较小的地区生活垃圾无害化处理率基本在 80%以上。生活垃圾处理率越高，污染风险越小。我们将处理率在 80%以上的地区划分为风险较小地区；处理率在 80%以下的地区划分为中等风险地区。我国大多数地区属于污染风险较高的地区，农村生活垃圾处理率为 0。

9）所处水功能区

水功能区划采用三级分区，即保护保留区、开发利用区、缓冲区。其中，保护区和保留区由于有特别的政策偏移，污染控制标准高，污染承受力较低；开发利用区污染控制标准低，污染承受力较大；缓冲区则介于两者之间。

10）地区经济条件

2010年7月发布的《农村生活污染控制技术规范》根据各地农村的经济状况、基础设施、环境自然条件，把农村划分为如下3种类型：①发达型农村，经济状况好（人均收入大于6000元/人·y），基础设施完备，住宅建设集中、整齐，有一定比例楼房的集镇或村庄；②较发达型农村，经济状况较好（人均收入为3500～6000元/人·y），有一定基础设施或具备一定发展潜力，住宅建设相对集中、整齐，以平房为主的集镇或村庄；③欠发达型农村，经济状况差（人均收入小于3500元/人·y），基础设施不完备，住宅建设分散，以平房为主的集镇或村庄。为了方便划分，主要考量人均收入。

11）环保政策实施状况

环境政策的实施手段主要分为如下几种类型：命令型，包括行政手段、法律手段等；引导型，如经济手段、技术手段等；自愿型，包括环保宣教等。目前，农村环保政策的实施主要由国家自上而下通过行政、法律或经济手段进行操作的，如改水改厕、饮水安全工程、水污染防治法、以奖促治、以奖代补、生态示范村建立等。国家此类举措的结果直接反映在自来水普及率、卫生厕所普及率、污水处理率上，但真正的政策实施状况主要依靠的是当地环保机构或当地政府，主要实施内容包括是否有村级的环保机构和环保宣教情况。

目前，我国环保系统的最基层是县级环保机构，少数乡镇设置了环保办公室、环保助理、环保员等环保机构，县级环保部门包括部分乡镇的专职环保人员，还不到农村总人口的万分之一。另外，农村经济相对落后，农村工作的重点主要集中在农民增收上，对周围的环境状况并不敏感，只要没有直接影响到他们的生活就不会引起重视，环保宣传教育十分缺乏。

这些指标都很难由直接数据进行指标等级划分，本文划分标准如下：有村级环保机构且定期有环保宣传为风险等级较小，有县级环保人员负责且偶尔有环保宣传为中等风险等级，村级环保和宣教完全空白为高风险等级。

根据以上分析，可将农村生活和散养畜禽污水污染风险评价指标分为三个等级：小（70～100 分）、中（30～70 分）、大（0～30 分），如表 5-12 所示，具体的等级标准参考以上说明。

表 5-12　农村生活污水污染风险评价指标分级标准

指　标	评价等级		
	小（70～100 分）	中（30～70 分）	大（0～30 分）
人均水资源量 C1	>7500 立方米/人	1000～7500 立方米/人	<1000 立方米/人
自来水普及率 C2	50%以上	50%以下	0
人均用水量 C3	<60L/人·d	60～80L/人·d	>90L/人·d
人口规模 C4	<500 人	500～3000 人	>3000 人
卫生厕所普及率 C5	>80%	50%～80%	<50%
排污管网覆盖率 C6	>90%	60%～90%	<60%
污水处理设施普及率 C7	>70%	<70%	0
生活垃圾处理率 C8	>80%	<80%	0
所处水功能区 C9	开发利用区	缓冲区	保护保留区
地区经济条件 C10	>6000 元/年	3500～6000 元/年	<3500 元/年
环保政策实施状况 C11	有环保机构定期宣教	县级环保人员负责，偶尔有宣教	完全空白

5.4　农村生活污水污染风险分级管理

5.4.1　农村生活污水污染风险分级

根据上文研究构建的农村生活污水污染风险评价体系，可以通过对以上指标进行打分，然后再乘以相应的权重，对该农村的生活污水污染风险进行评分。同样，将整体的风险划分为高、中、低三个等级，即总分为 70～100 分的为风险低的地区，总分为 30～70 分的为中等风险地区，总分小于等于 30 分的为高风险地区。

根据我们所建立的指标体系及其权重排序发现，生活垃圾处理率、卫生厕所普及率、所处水功能区、排污管网覆盖率影响整体风险等级的权重比较大，污水处理设施普及率和环保政策实施力度的权重次之。因此，农村生活污水防治的重点主要在环保基建设施的建立和环保政策的推行与保障实施上。

5.4.2　不同风险等级农村面临的主要问题

通过以上分析，以及实地深度访谈的结果，可以发现，不同风险等级面临的水污染风险的主要问题不太一样。

1. 低风险农村面临的问题

污染风险较小的农村有以下两类：第一类是本身污水产生量小的地区；第二类是虽然污水产生量不小，但是基础设施比较齐全，政策实施力度大，因而能将污染控制住，从而使得污染风险较小。第一类面临的问题主要如下。一是环保意识缺乏。无论是村民还是当地政府，环保意识都较缺乏。

正如马斯洛的需求层次理论所说，在生理需求都没有满足的时候，其他的需求只能是次要的需求，或根本没有上升的既定层次的需求。所以，在以如何能够创造最大经济收益为主要目标的农村居民眼中，环保的概念十分模糊。二是无环保相关负责人。对于第二类来说，主要的问题如下。一是领导缺乏约束力。政策执行力度缺乏约束，政策执行效果无从考核，实施过程中的问题也无从反馈。二是已有设施的利用率和维护得不到保证。现有的大多政策都是以奖励为主，缺乏对应的惩罚制度，因而造成了在政策的争取上“一窝蜂”的现象，努力争取国家资源，却没有保证资源的合理利用。在对个别农村进行的深度访谈中，就出现湖北某地农村的沼气池普及率为 60%，但真正的使用率却只达到 20%，造成资源的极大浪费。

2. 中等风险农村面临的问题

一是农村环保投入太少。此类农村虽然人均收入水平较高，但对于公共基础设施的建设主要来源于国家下拨或农民自筹。国家少量的投入无法解决巨大的需求，而农民对于这种无法看到直接回报的投入缺乏积极性。

二是环保宣教简单、单一。虽然此类农村生活很大程度受到城镇生活的影响，但由于经济条件的局限，农村人口能够接收到环保宣传教育的形式比较单一，内容也比较简单。此外，农村人口受教育水平普遍较低，能够理解和消化的环保宣教知识有限。

三是农村环保管理人员缺乏。农村水环境基层管理人员基本空白。目前，我国环保系统的最基层是县级环保机构，少数乡镇设置了环保办公室、环保助理、环保员等环保机构，县级环保部门包括部分乡镇的专职环保人员还不到农村总人口的万分之一。截至 2008 年年底，全国环保系统机构总数 12215 个，其中乡镇环保机构 1525 个。全国共有 40000 多个乡镇，设置了乡镇环保机构的仅为 3.8%；而且他们在农村的工作多限于农村工业这一部分，对于农村生活和农业环境管理却很少涉及。

3. 高风险农村面临的问题

一是第二、三产业发展带来的污染。一些小的作坊，在生产过程中会带来大量的污水，但又都没有污水处理设施。

二是缺乏水环境监测和监管。没有相应的监测设施和监测人员，对农村水污染的具体状态很难把握，给治理也带来一定的困难。

三是环保宣教体系不完善。随着通信方式的发达，信息传递渠道变得多样化，使得农村人口有更多途径接触到各式各样的与环保相关的知识。但是信息零散、混乱，而且人们对信息的吸纳和消化程度并没有人关心。此外，针对农村人口的差异化，也缺乏针对性的宣教方式。

5.4.3 农村生活污水污染风险分级管理方法

既然不同风险等级农村面临的主要问题不一样，那么它们所需要的管理方式也不能一概而论。

1. 低风险农村污水风险管理方法

对于还未受到污染的农村来说，需要做的工作如下。

1）环境宣教

第一，自上而下推动环保宣传教育工作。在农村人口都缺乏环保意识的情形下，需要从上一级的环保部门做起，逐层往下推进，要先从领导干部入手，加强干部人员的环保觉悟。同时，在中小学生的课程体系中加入环保教育内容，从孩子入手，让小孩把环保观念带回家，从而影响整个家庭。

第二，从试点开始，逐步扩展。先选定有代表性的地区进行试点环保教育规划和实施，具有针对性，然后在类似村庄中进行推广。

第三，挖掘地区传统文化特点，将环保形式与之结合。不同地区文化传统有差异，特别是传统农村受外界影响较小，或是一些少数民族有自己的习俗，如蒙古族以游牧和狩猎为主，游牧经济是其主要的经济生产方式，由此决定的思想文化、宗教信仰等在蒙古族传统生态环境意识形成过程中发挥着重要的作用。

2）以村为单位，指定相关环保负责人

此类环保负责人不一定要是专业的技术人员，可以由当地村委会相关干部兼职，或由村共同聘请，或由上一级环保部门派遣相关的技术人员加入，也可以由当地村委在村中寻找较为有见识和有威信的人并指定为负责人。在指定负责人的基础上，明确具体的环保工作职能，包括执行上级环保任务、环保技术学习与传达、环保教育宣传、农村环保规划等。此举主要是为了确保农村的发展规划中考虑到了环保因素，并在有环境污染事件爆发的时候，可以找到相关人员辅助进行信息采纳并解决问题，同时也确保了上级的环保规划和环保教育信息有传达的途径。

3）加强对水污染异动影响因素预防和监管

由于基础设施薄弱，传统农村的环境平衡十分脆弱，因而，监管工作重点应放在可能导致农村水污染状况发生显著异动的各种因素上，如散养需求规模变化、季节性因素对水质影响的预防等。

对于政策实施状况好、污染风险控制较好的地区，主要需要做的工作如下。

1）做好对外环保宣教

作为国家重点政策支持地区，该地已经拥有较为完善的环保宣教体系，作为当地居民来说，由于长期的熏染，该地居民已经具备较强的环保意识。然而难以应对的是，作为自然资源保护区，会迎来外地游客的参观，而此类流动性人口的出现，在为当地经济做贡献的同时，也带来了一定的环境污染隐患。首先，游客对当地资源不了解；其次，由于没有归属感，游客缺乏责任心。因而，做好对这些群体的宣教工作，让他们在走进当地地区时，将环保放在最重要的位置之一，这样有利于当地环境的长期维护。

2）基层环保机构管理完善

第一，形成领导问责机制。明确管理主体强制性责任，完善具体的奖惩规定，将农村环境保护工作有成效地纳入到对领导者的综合考评中。制定相关环保项目实施、考核条例，如《以奖促治以奖代补项目考核规定》等，对政策实施进行有力的约束。在条件成熟的情况下以法规条例形式，通过相关部门正式出台。

第二，强化政策执行和反馈。安排专门的人员对已实行相应政策的地区进行不定期抽查，看是否严格按照政策规定使用和维护当地设施；安排专业的技术人员定期对设施进行检修，并要求当地政府对农民的使用情况进行监督；总结政策实施的效果，将实施过程中遇到的问题及时向相关机关和人员进行汇报。

第三，环保信息公开化。国家自然资源保护区是国家重点环境保护地区，应受到格外重视。定期公布相关的环保数据，是对当地环保机构最直接的约束。

3）保障措施

第一，构建环保监测体系。农村环境状况基础数据相对十分缺乏，因而利用信息化技术逐步形成农村层面的环境监测体系，建立相应的数据库，不仅有利于工作人员进行横向比较、纵向对比，找到适合的技术改善当地环境；还可以通过监测的实时数据，及时快速并且准确地控制污染源。

第二，构建环保公众参与机制。环保不仅是国家的责任，也是每个生活在其中的社会公民的责任。建立环保公众参与机制，发展环保民间组织，形成环保监督管理民间力量。拓宽环保融资渠道，改善由国家单一投入的现状。

第三，将环保规划纳入农村发展规划中。在制定农村总体发展规划时，要把农村环境保护内容纳入规划之中，共同实施、共同推进。要统筹各方力量加强环境保护，让农村环保规划成为农村经济发展、全面小康规划的重要组成部分，扎实推动、全面实施。

2. 中等风险农村污水风险管理方法

1）寻找适宜农村的环保宣教模式

（1）明确环保宣教渠道。考虑到中国农村居民的受教育水平及接受新事物的能力，环境教育的宣传模式应当贴近生活，生动、形象、简单、易懂。环境教育的具体执行人员应当以农村教师为主。农村学校是人才聚集的地方，学校教师一般具有较高文化，他们的文化知识、思想觉悟、道德修养和智能发展水平等方面在农村中居于优势。环境教育也需要一定的督促作用，一般来说村干部在村民中拥有极高的威信。因而，若有村干部做引导和监管，农村环境教育的进行会更加顺利。

（2）宣传对象分类化。在进行农村水环境宣传教育时，根据不同宣传对象的接受程度和喜好特点，可以将宣传对象进行分类。例如，将宣传对象分为：①儿童和青少年群体；②农村女性群体；③具有学习能力的成人群体。按照不同主体在环保中扮演的角色不同，可以分为：①农村居民；②环保特定主体（企业负责人等）；③基层农村干部环保意识。对于农村居民，主要通过组织开展各式农民喜闻乐见的科普宣传和文化体育方式，使大家认识到当前面临的环境现状，了解恶化的结果，使环保政策深入人心。对于企业负责人，则要增强他们的社会使命感，提醒他们对于农村环境污染具有相应的社会责任。对于农村基层干部，要让他们树立科学的发展理念，在发展经济的同时，要考虑环境的危害性，要协调可持续发展。

（3）宣传方式多样化。可以开展多样化的宣传，如电视、广播、宣传车、网络宣传、影视电教、咨询互动、书本宣教、社区新闻、报纸等。特别是宣传车，因为农民生活比较单一、空闲时间比较多，会对出现的外来事物感到新奇，要让他们愿意主动去了解。

2）环保人员构建

（1）国家自上而下加强基层环保力量。政府可以通过调剂、增加人员编制，增加农村环保机关人员、农村环保监察人员及农村环保监测人员，加强国家农村环境监管能力。制定环保系统农村环境保护机构建设标准，制定加强农村环保机构和队伍建设的指导性意见，明确各级环保部门农村环保机构和人员配备要求。推广乡镇环保监管能力建设的成功模式和经验。

（2）自下而上发展地方环保组织。除了加强正式环保机构组织的建设之外，还要扶持环保NGO的创建，并将环保NGO的视角引向农村环境保护上来。目前我国有200多个环保NGO，但大多处于自发、松散、各自为政的状态，需要对其加以整合，使其充分发挥潜能。可以鼓励院校专业教授或技术人员加入到这些组织中来，提高NGO的整体素质水平。

3）保障措施

（1）出台相关控制政策。尝试收取排污费，或者对水实行差价收费，控制污水排放量。例如，对超过平均用水量的部分按原水价的1.5～2倍，甚至更高的费用进行收费，以此引导村民节约用水。根据国内外经验，水价提高10%，水的需求量可下降7%。

（2）加强农村环保基础设施建设和实用环保技术推广。环保基础设施建设包括垃圾处理设施、排污沟渠管网建设及污水处理设施等。对居住分散、经济条件差、边远地区的村庄，要采取分散式、低成本、易管理的污水处理方式，建立“就地分拣、综合利用、就地处理”的垃圾收集处理模式；推广卫生厕所，发展清洁能源，发展农村户用沼气。对人口集中、规模较大村庄的生活污水和生活垃圾污染问题，建设污水集中处理设施或纳入城市污水收集管网；完善“户分类、村收集、乡（镇）运输、县处理”的垃圾处置方式。无论是环保基础设施的建设还是环保技术的推广，都需要大量资金的投入作为支撑，单一地依靠国家投资不能满足过大的需求，需要更多的资金来源渠道。①构建多元化融资机制。在逐步加大环保投资占国内生产总值中比例的同时，启动农村环境综合治理专项资金、各级政府要加大农村环境保护工作的财政预算和投资，重点支持农村生活污水和散养畜禽污水污染治理；同时鼓励社会资金参与到农村环境保护当中来。②引入市场机制。例如，将河流使用权承包给村民，然后村民按照约定进行水环境管理。江苏靖江引入河道管护机制，河道管理员同时是投资经营者，通过承包河道进行水产养殖或河岸种植，获取经济利益。③政策扶持。制定相关的优惠政策，在金融、信贷方面对农村污水防治工程给予扶持。

3. 高风险农村污水风险管理方法

1）构建环保教育体系并加强环保教育保障

（1）构建环保教育体系。①重视环境宣传教育机构和人才队伍建设。加强各级环境宣教部门领导班子能力建设，切实提高组织协调、宣传教育和策划活动的能力。加强环境宣传教育机构建设，理顺机制、体制，建设一支政治素质高、思想作风正、业务能力强的环境宣传教育队伍。加大对环境宣传教育人员的培训力度，提升环境宣教队伍的思想政治素质和业务水平。②加强对环境宣传教育工作的组织领导。各级环保部门、宣传部门和教育部门要定期研究部署环境宣传教育工作，及时解决工作中的问题，确保环境宣传教育工作落到实处。环保部门要建立健全环境宣传教育工作目标责任制，创新奖惩机制，加强绩效评估和考核，推进环境宣传教育工作逐步走上制度化、规范化、科学化的轨道。

（2）加强环保教育保障。建立健全环境保护公众参与机制。拓宽渠道、鼓励广大公众参与环境保护。积极引导、规范公众有序开展环境宣传教育、环境保护、环境维权等活动，维护自身的环境权益和社会公共环境权益。

2）构建村级环保机构

（1）配备村级环保机构人员。加强农村环保工作力量，调剂、增加人员编制。制定环保系统农村环境保护机构建设标准。以各乡镇政府自身为责任主体、所辖区域为单元，建立县对乡、乡对村、村对户的环境监督、管理体系，形成村委监督/举报、乡镇政府调查/上报、环保部门核实/处理的格局，将监管工作延伸至终端。推广乡镇环保监管能力建设的成功模式与经验。

（2）配备配套设施和技术，逐步实行农村环境定点监测。把握农村水环境污染动向和变化发展的规律，采取必要的防治措施，减轻农村环境污染和破坏。在条件成熟的情况下收集一些基础信息，如采用的技术、治理效果、成本信息等，建立相关的数据库，为制定适合当地的标准规范提供参考。将农村水环境污染控制与农村整体环境综合治理及其他农村环保体系联系在一起。

（3）村级环保机构制度建设。机构的建设需要相关制度的约束和规范，同时也需要相关制度的指导，因而，基层环保机构建设的同时，要规范基层环保机构的对应制度，如对技术人员和领导人员职务要求和权力范围的规定、对常见问题解决方案的规定、对突发事件的应对思想等。

3）保障措施

（1）村企业污染控制，定期监察。定期组织农村地区工业污染执法大检查；严格执行企业污染物达标排放和污染物排放总量控制制度；严格执行国家产业政策和环保标准，淘汰污染严重及落后的生产项目、工艺、设备，防止“十五小”、“新五小”、“十小”企业在农村地区死灰复燃。

（2）设立监督监察标准。当前已经出台的技术标准包括《生活垃圾处理技术指导》、《畜禽养殖业污染防治技术政策》、《农村生活污染治理技术政策》，正在征求意见的方案包括《畜禽养殖污染物减排及试点方案》、《农村生活源减排及试点方案》，研究制定中的方案包括《农村环保实用技术手册》。这些技术标准的出台，在很大程度上为农村生活污染和散养畜禽污水污染的治理提供了选择方案及普及性的标准，从而为监察提供了依据。

第6章

农村生活源水污染风险分类管理优化模式

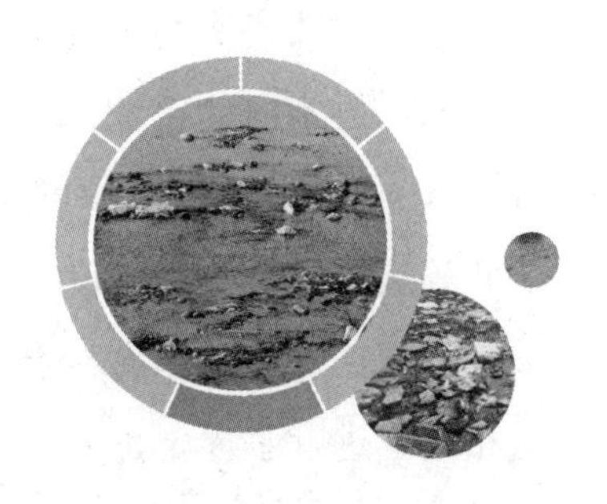

6.1 引言

农村生活源污染防治涉及法律制度层面、技术层面与管理层面等问题，本书在农村生活污水和农村散养畜禽污水污染风险管理的法律法规、技术政策与监督管理政策研究的基础上，识别污染风险驱动因素，分析污染风险率和污染风险管理的立法需求分析与现状，并对农村监管风险分级开展综合评价，对现有法律规章和监督管理之不足，提出了具有针对性的立法导向和风险分级管理建议。结合流域地区的自然环境特征与社会环境特征，筛选符合研究区农村生活与散养畜禽污水处理技术；利用系统综合分析法，结合立法、工程治理技术推荐和监督监管建议等，构建流域水污染源非点源风险管理优化模式，形成风险管理相关措施。

6.2 风险分级管理与优化模式研究

本书对我国农村水环境污染的背景与现状进行了阐述，评价了我国现有的农村污水防治的法律与政策体系，找出我国农村污水治理难点，研究降低农村污水处理风险的立法需求，并通过层次分析法对风险因子进行评价和等级划分。基于制度理论的激励机制与约束机制启发，引入了利益相关者的理论，将我国农村水污染治理看成一个系统，对这个系统内部的利益相关者进行了界定，并对各个利益相关群体的影响力进行了分析；结合农村特点，利用灰色理论法工程技术筛选模型，选出了最佳污水处理工程技术。借鉴国外的先进立法和组织管理经验，调动各个利益相关者参与农村污水治理的积极性，基于利益相关者实证模型和国外先进经验借鉴得到的启示，提出降低农村水环境污染风险的立法导向和政策建议。根据农村不同风险等级，提出不同风险层级农村生活污水污染面临的主要问题，并对这些问题提出具有针对性的管理意见和建议。

6.2.1 优化模式技术思路

本章对农村生活源水的污染及处理情况等进行资料收集、整理，并对风险等级进行分级确定，然后从污水处理技术、风险管理、法律政策等方面对其进行优化。具体优化模式的技术思路如图 6-1 所示。

6.2.2 研究区域基本资料收集

研究区域的资料收集主要包括当地污水处理情况、污水排放监管现状、相关立法及政策情况等。

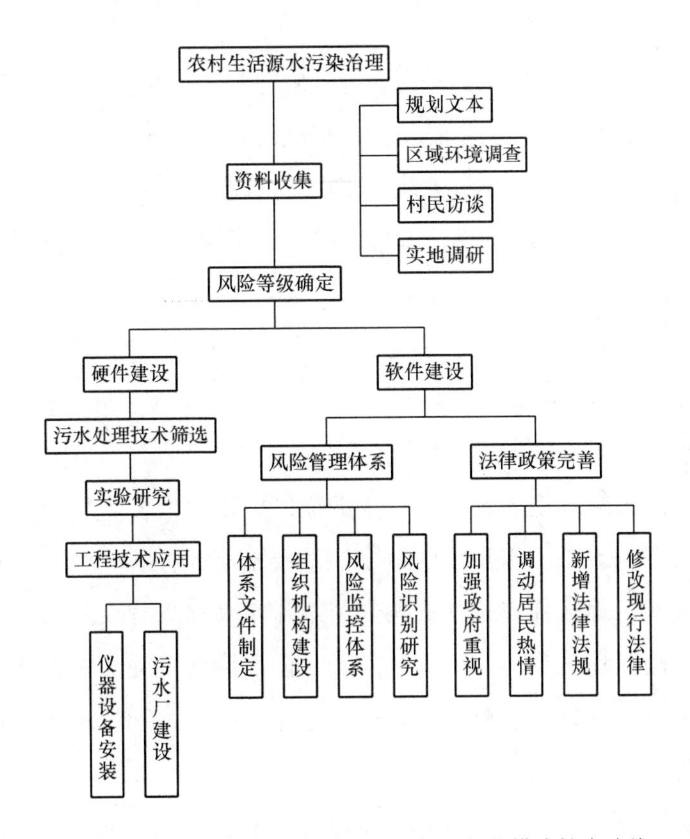

图 6-1　农村生活源水污染风险分类管理优化模式技术路线

研究地区污水处理情况需要收集的基本资料主要有以下几个方面：污水产生量、污水排放方式、污水处理方式、污染承受力，具体包括人均水资源量、自来水普及率、人均用水量、人口规模、卫生厕所普及率、排污管网覆盖率、污水处理设施普及率、生活垃圾处理率、所处水功能区、地区经济条件、环境政策实施状况。

污水产生量直接受农村人口数量影响，也受地区的水源状况影响，水资源储量丰富的地区比水资源相对贫乏的地区用水量大得多。农村用水根据来源可分为：地表直取水、井水和自来水；根据供水设施、自然地理条件和经济社会发展等因素影响，农村人均用水量可参考《农村生活用水量卫生标准》（GB11730-89），按所在地区确定。

污水排放方式是农村水环境污染程度的决定因素之一。建立完善的污水收集管网，形成集中排放系统，可以有效减少排放过程对水体污染的影响。因此，排放管网分布情况和覆盖率决定了该地区农村污水排放导致的污染风险高低。

农村污水处理技术决定污水处理效果，可采用一些实用、合理、低能耗和低费用的技术，如人工湿地、沼气池等。生活垃圾处理不当，产生的垃圾渗滤液和其他有毒有害物质会污染水环境。

农村的污染承受力受其所处水功能区、地区经济条件及环保政策实施情况的影响。不同水功能区对水质的要求不一样，势必要采取不一样的防治方式。地区经济条件影响其用水排水及水处理设施的建设，同时更能决定地区快速反应、治理风险及预防风险的能力。农村环境政策实施力度地方差异性大，得到国家投资的地区，在治理污水的问题上占有显著优势。

为了解实际情况，并使研究结果具有针对性，主要通过对我国农村地区进行入户问卷调查等方法获得第一手资料，通过问卷结果统计，能直观、全面地了解农村人居水环境综合整治的现状、成功经验和存在问题，为后续农村生活与散养畜禽污水处理技术筛选提供指标和技术。同时，也会针对当地情况查阅相关资料，并实地进行调研，从而确保所收集资料的完整性；再结合专家咨询的结果等综合进行考虑。

6.2.3　水污染风险评价指标选择、权重确定与分级

1. 水污染风险评价指标选择

通过资料收集、调研分析，最终选择 4 个一级风险评价指标：污水产生量、污水排放方式、污水处理方式及污染承受力。每个一级评价指标均

受到各自不同的二级指标的影响，具体为以下 11 个二级指标：人均水资源量、自来水普及率、人均用水量、人口规模、卫生厕所普及率、排污管网普及率、污水处理设施普及率、生活垃圾处理率、所处水功能区、地区经济条件及环保政策实施情况等。

污水产生量主要受地区的水资源状况影响，地域不同导致不同地区的水资源量不同。一般，长江流域及其以南地区的水资源储量丰富，该地区人均年用水量较高；而北方特别是西北部等水资源相对匮乏的地区人均年用水量则会相对较低。另外，我国幅员辽阔，地域差异性较大，农村人口密度差别明显，农村人口越多，污水产生量越多，反之则越少。

污水排放方式因地而异，污水排放方式不同，其污染的程度也有区别。农村经济较好的地区，排放污水一般通过管网输送；经济欠发达地区，由于其排污管网不完善，污水往往是直接倾倒，经过渗透后直接污染地下水。农村排污管网的分布和覆盖率直接决定了该地区污水排放导致的污染风险高低。

污水处理方式主要取决于污水来源，在农村主要是生活污水，包括厨房用水、冲厕水、洗涤水及生活垃圾渗滤液等。随着农村经济的不断发展，对于农村污水的处理问题也越发重要。鉴于农村与城市的环境差异，现在主要采用一些实用、合理、低能耗及低运行费用的处理技术来处理农村污水。在实际选择农村污水处理方式时，不仅要考虑污水来源，也要结合当地环境、经济等实际情况进行选择。

污染承受力因所处区域不同而不同。本书采用水功能区的二级区划，将其分为七类，包括饮用水源区、工业用水区、农业用水区、渔业用水区、景观娱乐用水区、过渡区、排污控制区。区域不同，对水质的要求也不一样。农村地区的经济条件、环保政策实施情况等也会对水污染风险产生一定的影响。农村经济越发达，地区的污水处理能力越强；环保政策是否落实到位，对污染防治的影响也十分巨大。

2. 水污染风险评价指标的权重确定

由于所选水污染风险评价指标较多，不同的评价指标对综合评价的影响程度也不同，故需要确定各项指标的权重，即衡量被评价事物总体中诸因素相对重要程度的量值。

在多指标的综合评价中，常用的权重分配方法主要有客观法和主观法。基于当前农村环境监测数据的缺乏等实际情况，以及在农村生活源水污染风险评价体系中评价指标较多等因素，本文选取了主观法中的层次分析法来确定评价指标的权重。

层次分析法的原理介绍可参照3.2节的相关内容，层次分析法具体实施步骤可参照5.3节的相关内容。

3. 水污染风险评价指标的分级

水污染风险评价指标的分级依据相关政策规定、国内外相关文献的分级、问卷调查、深度访谈等情况进行分级。

指标主要有两种：正向指标和反向指标。正向指标是越大越好，而反向指标则是越小越好。具体指标分级如下。

（1）人均水资源量是一个正向指标，地区水资源量越大风险越小。具体分级如下：人均水资源量高于7500立方米/人为风险小的地区，人均水资源量1000～7500立方米/人为风险适中地区，人均水资源量1000立方米/人以下为风险较大地区。

（2）由于农村自来水普及率的具体数据暂无细致的统计，故此处用描述性的表达进行指标的分级。以自来水为主的地区为风险小地区，此类地区自来水普及率高于50%；以井水为主、自来水为辅的地区为中等风险地区，此类地区自来水普及率低于50%；完全没有自来水的地区为风险高地区，自来水普及率基本为零。

（3）人均用水量是一个反向指标，即人均用水量越多，给该地区带来的污染风险也越大。结合资料收集与调查结果，将人均用水量分为小于 60L/人·d、60～80L/人·d 和大于 80L/人·d 三个等级。

（4）人口规模是一个反向指标，即农村人口规模越大，其污染产生量也越大，污染风险也就越大。本书设三类分级标准：500 人以下为一个等级，为污染风险最小的一类；500～3000 人为一个等级，为中等污染风险的一类；大于 3000 人为一个等级，为较大污染风险的一类。

（5）农村卫生厕所普及率是一个正向指标，卫生厕所普及率越高，污染风险越小。本书将其分为三类；卫生厕所普及率 80%以上为风险较小地区；卫生厕所普及率 50%～80%为风险中等地区；卫生厕所普及率 50%以下为风险较大地区。

（6）排污管网覆盖率是一个正向指标，排污管网覆盖率越高，污染风险就越小。本书覆盖率分级为 90%以上、60%～90%、60%以下。

（7）农村生活污水处理率是一个正向指标，处理率越高，污染风险就越小。本书将处理率在 70%以上的归类为污染风险小地区，70%以下的地区归类为污染风险适中地区，完全没有处理的地区归类为污染风险大的地区。

（8）生活垃圾处理率是一个正向指标，处理率越高，污染风险就越小。本书将处理率在 80%以上的归类为风险较小地区；80%以下的归类为风险中等地区；处理率为 0 的则归类为污染风险较高的地区。

（9）水功能区分为三类：保护保留区、开发利用区和缓冲区。保护保留区属于有特别政策偏移的地区，所以，其污染控制标准高，地区污染承受力较低；开发利用区的污染控制标准相对较低，则其污染承受力较大；缓冲区则介于二者之间。

（10）地区经济条件划分主要考虑人均收入，共分为 3 种类型，即发达型农村（人均收入大于 6000 元/人·y）；较发达型农村（人均收入为 3500～6000

元/人·y)；欠发达型农村（人均收入小于3500元/人·y)。

（11）由于农村地区基本没有直接数据对环保政策实施状况进行指标等级划分，本书将有村级环保机构且定期有环保宣传划分为风险等级较小地区，有县级环保人员负责且偶尔有环保宣传的地区划分为中等风险等级地区，村级环保和宣传完全空白则划分为风险等级高的地区。

综合以上内容，可将农村生活源水污染风险评价指标分为三个等级：小（70～100分）、中（30～70分）、大（0～30分）。具体的分级标准参考5.3.3节内容。

6.2.4 生活污水与畜禽养殖污水处理适用工程技术与筛选

生活污水与畜禽养殖污水处理适用工程技术主要有人工湿地、稳定塘、沼气池、生物膜（滴滤池）、化粪池、氧化沟及A^2/O等。

1. 人工湿地

随着环境保护的迅速发展，人们对湿地功能也有了广泛的认识。湿地作为"地球之肾"，担负着对地球自然水体的净化和处理功能。由于天然湿地的逐渐减少和消亡，人工湿地以其独到的优越性受到了越来越多的关注和发展。

如图6-2所示，人工湿地是由人工建造和控制运行的、与沼泽地类似的地面。人工湿地的原理是，将污水、污泥有控制地投配到经人工建造的湿地上，污水与污泥在沿一定方向流动的过程中，利用土壤、人工介质、植物、微生物的物理、化学、生物三重协同作用，对污水、污泥进行处理。人工湿地的作用机理包括吸附、滞留、过滤、氧化还原、沉淀、微生物分解、转化、植物遮蔽、残留物积累、蒸腾水分和养分吸收及各类动物的作用。人工湿地是一个综合的生态系统。

图6-2　人工湿地

作为一种新型生态污水净化处理方法，人工湿地系统水质净化技术的基本原理是在人工湿地填料上种植特定的湿地植物，从而建立起一个完整的人工湿地生态系统。当生活污水通过该湿地系统时，污水中的污染物质和营养物质会被湿地系统吸收或分解，从而使水质得到改善。

人工湿地系统水质净化的关键在于工艺的选择、植物的选择和应用的配置。如何选择和搭配适宜的湿地植物，并且将其应用于不同类型的湿地系统中是在营建人工湿地前必须思考的问题。人工湿地污水处理系统植物的选用有如下原则：

（1）所选植物须具有良好的生态适应能力和生态营建功能；

（2）所选植物须具有很强的生命力和旺盛的生长势，能在恶劣环境下生存；

（3）所种植的植物须具有较强的耐污染能力；

（4）所选植物的年生长期要长，最好是冬季半枯萎或常绿植物；

（5）所选择的植物不对当地的生态环境构成隐患或威胁，具有生态安全性；

（6）所选植物具有一定的经济效益、文化价值、景观效益和综合利用价值。

2. 稳定塘

稳定塘俗称氧化塘或生物塘，是一种利用天然净化能力对污水进行处理的构筑物的总称。稳定塘对污水的净化过程与自然水体的自净过程相似。一般对土地进行适当的人工修整并建成池塘，在池塘周围设置围堤和防渗层，依靠池塘内生长的微生物来处理污水。稳定塘主要利用菌藻的共同作用来处理污水中的有机污染物，具有基建投资和运转费用低、维护检修方便、易于操作、能有效去除污水中的有机物和病原体、无须污泥处理等一系列优点。如图 6-3 所示为稳定塘示意。

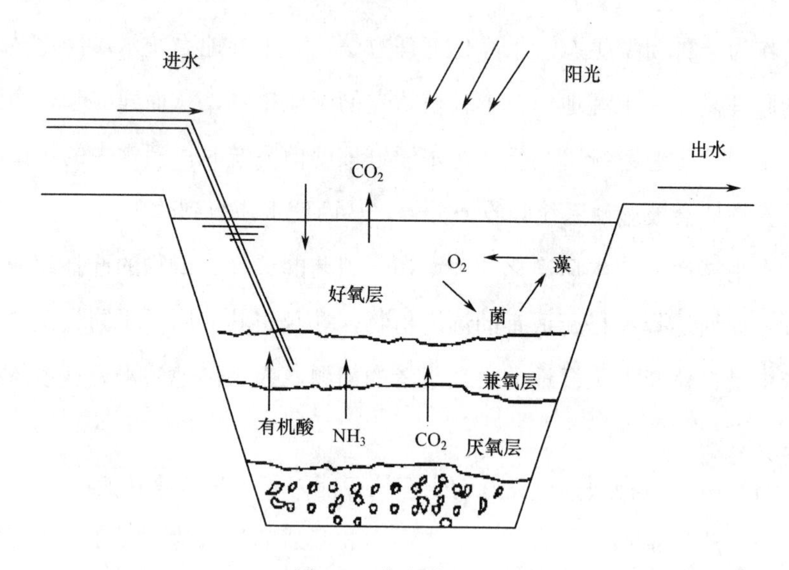

图 6-3　稳定塘示意

稳定塘通过在池塘中种植水生植物，并进行水产、水禽养殖，从而形成一个完整的人工生态系统，然后在太阳能作为初始能量的推动下，通过塘中多条食物链的物质迁移、转化和能量的逐级传递、转化，将进入塘中的污水中的有机污染物进行降解和转化，最后不仅去除了污染物，而且以水生植物和水产、水禽的形式作为资源回收，净化的污水也可作为再生资源予以再利用，使污水处理与回收利用相结合起来，实现污水处理资源化。

按照稳定塘内微生物的类型及供氧方式来分类，稳定塘主要分为以下四类。

（1）好氧塘。

好氧塘是一种菌藻共生的污水好氧生物处理塘。一般好氧塘的深度较浅，太阳光可以直接照射到塘底。塘内存在着细菌、原生动物和藻类等，一般由藻类的光合作用和风力搅动提供溶解氧，从而使好氧微生物对有机污染物进行降解。

（2）兼性塘。

兼性塘的有效深度为 1.0～2.0 米。上层为好氧区；中间层为兼性区；底层为厌氧区，沉淀污泥一般在此进行厌氧发酵。兼性塘是稳定塘中最常采用的一个处理系统。

（3）厌氧塘。

厌氧塘的塘深一般在 2 米以上，最深可达 4～5 米。厌氧塘内水中溶解氧很少，基本上处于厌氧状态。

（4）曝气塘。

曝气塘的塘深一般大于 2 米，主要采用人工曝气来供氧，塘内全部处于好氧状态。曝气塘一般分为好氧曝气塘和兼性曝气塘两种。

3. 沼气池

沼气池技术是把人畜粪便及植物蒿杆有机物质通过厌氧发酵处理，而将人畜粪便转化为可利用的沼气能源和沼液、沼渣资源的一项实用技术。

沼气是有机物质在厌氧环境中，在一定的温度、湿度、酸碱度的条件下，通过微生物发酵作用，产生的一种可燃气体。由于这种气体最初是在沼泽、湖泊、池塘中发现的，所以人们叫它沼气。沼气含有多种气体成分，主要成分是甲烷（CH_4）。沼气细菌分解有机物，产生沼气的过程，称为沼气发酵。根据沼气发酵过程中各类细菌的作用，沼气细菌可以分为两大类。第一类细菌称为分解菌，它的作用是将复杂的有机物分解成简单的有机物和二氧化碳等。第二类细菌称为含甲烷细菌，通常叫甲烷菌，它的作用是把简单的有机物及二氧化碳氧化或还原成甲烷。

农村常见的沼气池示意如图 6-4 所示。

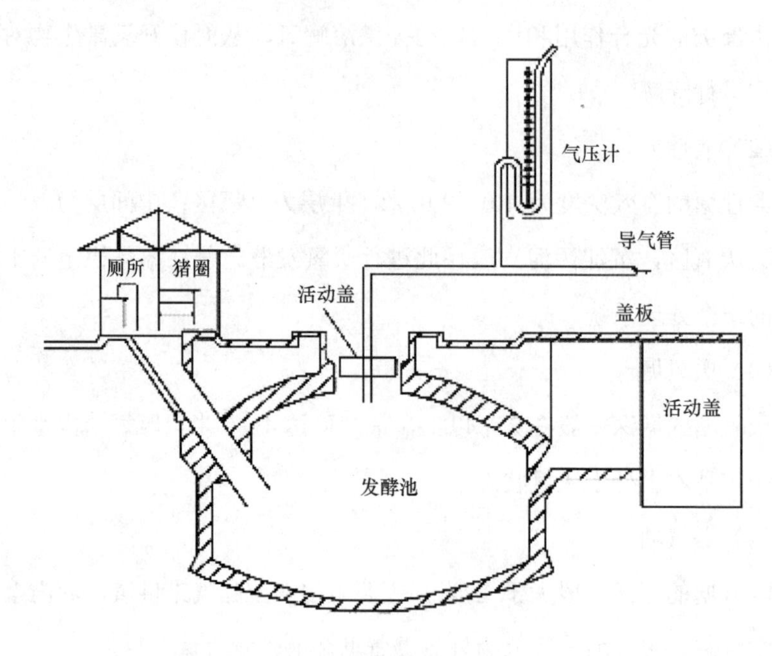

图 6-4　沼气池原理示意

4. 生物膜（滴滤池）

生物滤池也称为滴滤池，主要由一个用碎石铺成的滤床及沉淀池组成。滤床高度为 1～6 米，一般为 2 米，石块直径为 3～10 厘米。从剖面来看，下层为承托层，石块可稍大，以免上层脱落的生物膜累积而造成堵塞。石块大小的选择还要根据滤池单位体积的有机负荷来决定，若负荷高，则要选择较大的石块；否则由于营养物浓度高，微生物生长快而将空隙堵塞。如图 6-5 所示为生物滤池结构。

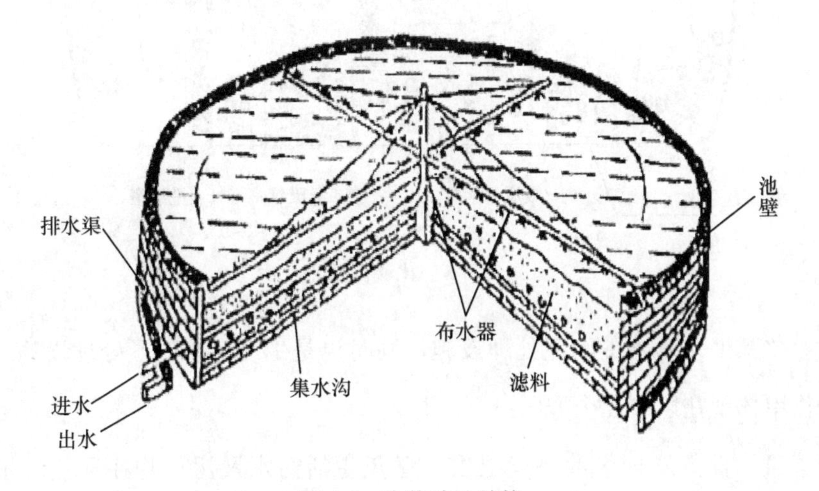

图 6-5 生物滤池结构

污水主要通过布水系统从滤池顶部洒下来。当污水通过滤池时，滤料会截留污水中的悬浮物质，使微生物很快繁殖起来，微生物又进一步吸附了污水中的溶解性和胶体有机物，然后增长并形成了生物膜。生物滤池就是依靠滤料表面形成的生物膜对污水中有机物的吸附氧化作用，将污水进行净化的。已净化的水会流经滤料，通过滤池下方的渗水装置、集水沟及排水渠，最后流入二沉池进行后续处理。

5. 化粪池

化粪池是处理粪便并将其加以过滤沉淀的构筑物。化粪池的工作原理是，固化物在池底分解，上层的水化物体则通过管道流走，防止了管道堵塞，从而使固化物体（粪便等垃圾）有充足的时间进行水解，如图 6-6 所示。

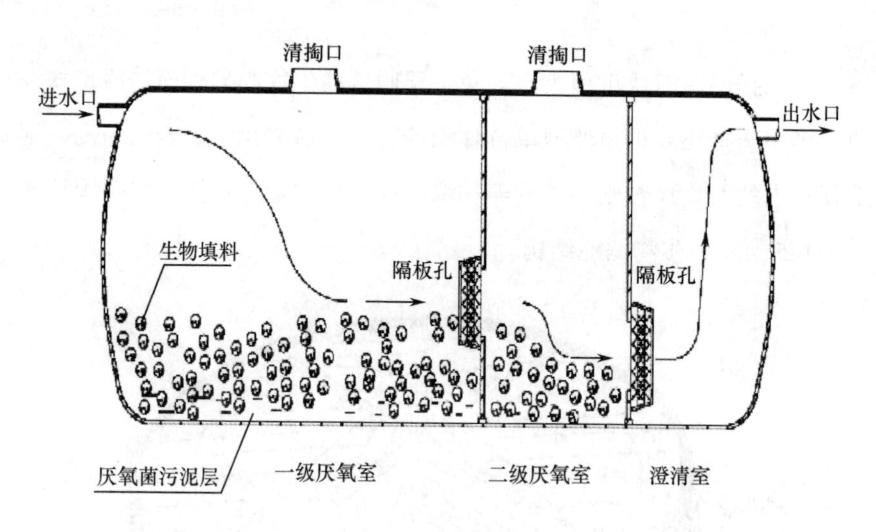

图 6-6　化粪池原理

化粪池是基本的污泥处理设施，同时也是生活污水的预处理设施，它的作用体现在以下几个方面：

（1）保障本地区的环境卫生，避免生活污水及污染物在居住环境的扩散；

（2）在化粪池厌氧腐化的工作环境中，可以杀灭蚊蝇虫卵；

（3）可作为临时储存污泥的地方，有机污泥进行厌氧腐化后，熟化的有机污泥可作为农用肥料；

（4）可对生活污水进行预处理，将其杂质沉淀，并使污水中大分子有机物水解为酸、醇等小分子有机物，减少后续污水处理负荷。

化粪池作为一种应用时间较长的传统环保设施，在环保方面发挥了重要作用。但是，随着社会的进步和城市现代化的发展，也出现了与社会发展背离的问题，主要表现在：污泥处理时的二次污染问题、化粪池的堵塞问题等。同时，建造化粪池也要从经济效益、环保效益和社会效益等方面进行综合考虑。

6. 氧化沟

氧化沟是一种活性污泥处理系统，由于其曝气池呈封闭的沟渠型，所以，它在水力流态上不同于传统的活性污泥法，而是一种首尾相连的循环流曝气沟渠，又称循环曝气池。氧化沟工艺在城市生活污水及工业废水处理领域已经得到广泛应用，并已成为当前占主导地位的活性污泥污水处理技术。如图 6-7 所示为氧化沟流程。

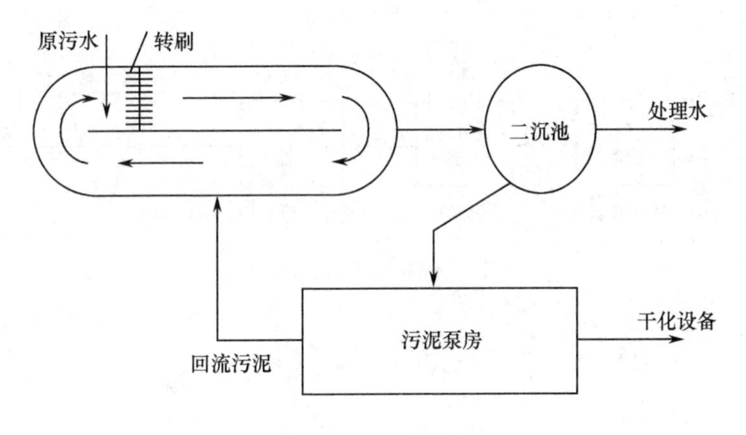

图 6-7　氧化沟流程

氧化沟主要利用连续环式反应池作为生物反应池，混合液在该反应池中一条闭合曝气渠道进行连续循环，其通常在延时曝气条件下使用。氧化沟中使用的是一种带方向控制的曝气和搅动装置，该装置向反应池中的物质传递水平速度，从而使被搅动的液体在闭合式渠道中循环。

氧化沟一般由沟体、曝气设备、进出水装置、导流和混合设备组成。沟体的平面形状一般呈环形，也可以是长方形、L 形、圆形或其他形状；沟端面形状多为矩形和梯形。氧化沟类型主要有 Pasveer 氧化沟、Carrousel 氧化沟（Carrousel 2000 型、Carrousel 3000 型等）、Orbal 多环型氧化沟等。

7. A²/O

A²/O 工艺亦称 A-A-O 工艺，实质为厌氧—缺氧—好氧法，也是流程最简单、应用最广泛的生物脱氮除磷工艺。如图 6-8 所示为 A²/O 法同步脱氮除磷工艺流程。

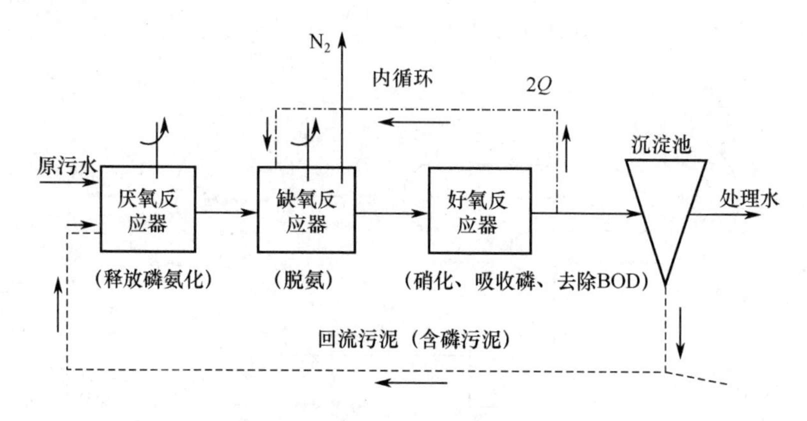

图 6-8 A²/O 法同步脱氮除磷工艺流程

该工艺中各反应器的功能如下。

（1）厌氧反应器：原污水及从沉淀池排出的含磷回流污泥同步进入该反应器，其主要功能是释放磷，同时对部分有机物进行氨化。

（2）缺氧反应器：污水经厌氧反应器进入该反应器，其首要功能是脱氮，硝态氮是通过内循环由好氧反应器送来的，循环的混合液量较大，一般为原污水量的 2 倍。

（3）好氧反应器（曝气池）：混合液由缺氧反应器进入该反应器，并在此去除污水中的 BOD、硝化和吸收磷。

（4）沉淀池：从曝气池出来的污水进入沉淀池进行泥水分离，污泥的一部分回流到厌氧反应器，上清液则作为处理水排放。

由于农村条件各不相同，对于当地生活污水与畜禽养殖污水处理工程技术的选择也要依据当地实际情况，运用灰色关联分析法进行候选方案的优化决策，同时结合 4.1.3 节中各处理技术的优缺点综合考虑。在不对当地环境造成影响的前提下，要做到节约资源、易于管理，同时要具有良好的社会效益、环保效益和经济效益。

6.2.5　风险管理措施

相对城市环境保护和工业污染的防治，农村环保工作起步较晚，基础较为薄弱，有关环境保护行政程序方面的立法进程较慢，尚未建立起适应农村环境保护实际需要的法律体系，没有专门、系统、完善和综合性的农村环境资源保护法规或条例，农村污水治理在一定程度上还面临无法可依的局面。

但是法律有其特性，不能只依靠国家制定法律来推动农村污水治理，也需要我国的环境保护主管部门及当地的政府部门对其进行具体化，制定出相关配套政策，完善环境保护法律法规体系。在农村环境整体呈恶化趋势背景下，要降低农村污水污染风险，相关立法是必不可少的，它是其他一切降低农村生活污水污染风险的源头所在。国外的相关经验也表明，健全的农村污水法律与政策体系是加强农村污水治理的前提。

目前，对于我国的农村环境问题，暂时还是缺乏专门的法律或条例来对农村环境保护体制进行监督管理，所以，短期内难以对农村环境保护行为进行科学、系统、全面的调整。由于当前农村环境保护的严峻性，对政府部门而言，须尽快出台一部专门的环境保护行政法规，为农村污水治理提供纲领性的指导及专门性的法律约束。

落到实处是要用五个“促治”推动农村污水治理：以“法律体系”促治、以“财政奖励”促治、以“考核机制”促治、以“自我管理”促治、以“社会力量”促治。

同时，也要建立健全以“财政奖励”引导的政策；建立科学农村水污染治理的考核制度体系；优化财政支出结构，加强农村水污染防治规划；积极引入市场机制，重视社会力量参与治理；积极推动公众参与，发挥基础性作用，形成长效机制，从而共同去推动农村环境保护建设。如表 6-1 所示为农村污水污染风险分级管理与优化模式。

表 6-1　农村污水污染风险分级管理与优化模式

<table>
<tr><th>农村风险等级</th><th>管理策略</th><th>最佳污水处理工程技术</th><th>立法导向与政策建议</th></tr>
<tr><td>低风险</td><td>强化环保引导、预防为主：（措施，略）；
环境宣教；
指定相关环保负责人；
构建环保监测系统等</td><td rowspan="3">根据区域农村实际情况，按照人口规模、自然地形、社会经济环境等因素通过最佳工程技术筛选模型计算，结合农村污染风险综合评价等级以及当地政府对农村环境整治政策，因地制宜确定最优技术方案</td><td rowspan="3">1. 以“财政奖励”促治；
2. 以“法律体系”促治；
3. 以“考核机制”促治；
4. 以“自我管理”促治；
5. 以“社会力量”促治。</td></tr>
<tr><td>中风险</td><td>监管为主：（措施，略）；
环保人员构建，加强基层环保力量；
发展地方环保组织（扶持 NGO 等）；
加强农村环保基础设施建设和实用环保技术推广等</td></tr>
<tr><td>高风险</td><td>治理为主：（措施，略）；
构建环保教育体系并加强环保教育保障；
构建村级环保机构；
村企业污染控制，定期监察；
设立监察标准等</td></tr>
</table>

当法律法规出台实行后，也要对其进行监督管理，不能让其变成一纸空文。目前，我国最基层的环保机构只有县一级，县级以下的政府基本没有专门的环保机构和相关工作人员。当涉及多个部门时，问题往往无法得

到及时解决，而且由于主管部门不能明确，监管力度较弱，相关工作根本难以进行。

为了落实监督管理职责，政府部门要逐步完善基层环保机构，明确部门职责及奖惩制度，建立领导问责机制，将农村环境保护工作成效纳入对领导者的综合考评中。为加强国家农村环境监管能力，要增加农村环保机关人员、农村环保监察人员及农村环保监测人员，要安排专门的监管人员抽查已出台的环保政策法规的落实情况，安排专业的工程技术人员定期对污水处理设施进行检修。

要做到环保信息公开化，定期公布农村环境相关的环保数据，并接受公民的监督。要逐步建立农村层面的、完善的环境监测系统，建立起相应的环保数据库，这不仅有利于工作人员进行横向比较及纵向对比，找到适合的技术来改善当地环境，还可以通过监测的实时数据，及时响应，快速准确地定位和控制污染源。

第7章 农村生活源水污染风险管理应用案例

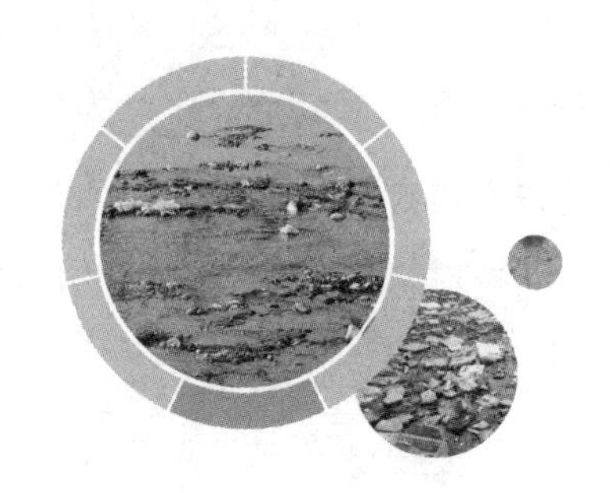

7.1 农村生活源水污染风险管理应用案例——江苏丹阳

7.1.1 黄泥张村概况

1. 概况

黄泥张村位于江苏省丹阳市横塘镇，地处平原地区，总人口约580人。经济条件较好，人均收入在6000元/年以上，水资源量较为丰富，厨房及洗涤用水的供水方式多为自来水，自来水普及率为100%，卫生厕所普及率为100%，人均用水量为40～60L/人·d，生活垃圾主要集中堆放在村里设立的集中堆放处，对饮用水源影响不大，对池塘有一定影响，但是也不大。污水排放方式为：直接泼洒10%；直接排入水体60%（主要是直接排入村中池塘)；直接排入水沟 30%，村里暂未铺设排污管网。污水处理率为 0，生活垃圾处理主要采用村收集、乡运输和县处理的模式，镇政府会派出专门的拖拉机来收集村中垃圾，运到县指定地点进行处理。因此，生活垃圾处理率较高，达到 90%以上。黄泥张村所处水功能区为农业用水和渔业用水区，即缓冲区。环保政策实施状况为：有部分村级环保和宣教活动，村民有一定的节约用水意识。

2. 农村生活污水污染风险评价指标权重确认

建立总目标层、子目标层及指标层三层指标体系模型。其中，总目标层是农村生活污水污染风险综合评价；子目标层包括 4 个一级指标：供水方式、污水排放量、污水排放处理方式、污染承受力；指标层在 4 个一级指标下面具体分为 11 个二级指标。这些指标中既有定量指标，又有少量定性指标，可以比较全面地反映影响农村生活污水污染风险的主要因素和我国农村的特点。该指标体系的主要特点是结构简单、层次清楚、指标精干、含义明确，既相互联系又相对独立。构建的综合评价递阶层次模型如表 7-1 所示。

表 7-1　综合评价的递阶层次模型

总目标层	子目标层	具体指标
农村生活污水污染风险分析 *A*	污水产生量 *B*1	人均水资源量 *C*1
		自来水普及率 *C*2
		人均用水量 *C*3
		人口规模 *C*4
	污水排放方式 *B*2	卫生厕所普及率 *C*5
		排污管网覆盖率 *C*6
	污水处理方式 *B*3	污水处理率 *C*7
		生活垃圾处理率 *C*8
	污染承受力 *B*4	所处水功能区 *C*9
		地区经济条件 *C*10
		环保政策实施状况 *C*11

如表 7-2 所示为准则层 *B* 指标对目标 *A* 的判断矩阵。

表 7-2　准则层 *B* 指标对目标 *A* 的判断矩阵

A	*B*1	*B*2	*B*3	*B*4	权　重
*B*1	1	1/5	1/3	1/7	0.1821
*B*2	5	1	1/2	1/4	0.2459
*B*3	3	2	1	1/2	0.2717
*B*4	7	4	2	1	0.3003
一致性为 0.0649<0.1，具有满意的一致性					

如表 7-3 所示为因素指标相对准则层 *B*1 的判断矩阵。

表 7-3　因素指标相对准则层 *B*1 的判断矩阵

*B*1	*C*1	*C*2	*C*3	*C*4	权　重
*C*1	1	1/5	1/3	1/7	0.1269
*C*2	5	1	2	1/2	0.2825
*C*3	3	1/2	1	1/4	0.2093
*C*4	7	2	4	1	0.3813
一致性为 0.0037<0.1，具有满意的一致性					

如表 7-4 所示为因素指标相对准则层 *B*2 的判断矩阵。

表 7-4　因素指标相对准则层 *B*2 的判断矩阵

*B*2	*C*5	*C*6	权　重
*C*5	1	3	0.5987
*C*6	1/3	1	0.4013
一致性为 0<0.1，具有满意的一致性			

如表 7-5 所示为因素指标相对准则层 *B*3 的判断矩阵。

表 7-5　因素指标相对准则层 *B*3 的判断矩阵

*B*3	*C*7	*C*8	权　重
*C*7	1	1/4	0.3543
*C*8	4	1	0.6457
一致性为 0<0.1，具有满意的一致性			

如表 7-6 所示为因素指标相对准则层 *B*4 的判断矩阵。

表 7-6　因素指标相对准则层 B4 的判断矩阵

B4	C9	C10	C11	权　重
C9	1	5	3	0.4718
C10	1/5	1	1/3	0.2120
C11	1/3	3	1	0.3162
一致性为 0<0.1，具有满意的一致性				

如表 7-7 所示为层次总排序表。

表 7-7　层次总排序表

排　序	具体指标	总权重
11	人均水资源量 C1	0.0231
9	自来水普及率 C2	0.0514
10	人均用水量 C3	0.0381
7	人口规模 C4	0.0694
2	卫生厕所普及率 C5	0.1472
4	排污管网覆盖率 C6	0.0987
5	污水处理率 C7	0.0963
1	生活垃圾处理率 C8	0.1754
3	所处水功能区 C9	0.1417
8	地区经济条件 C10	0.0637
6	环保政策实施状况 C11	0.0950
汇总		1.0000

7.1.2　黄泥张村生活污水污染风险评价指标分级标准

1. 农村生活污水污染风险评价指标分级标准（见表 7-8）

表 7-8　风险评价指标及标准

指　标	评价等级		
	小（70～100 分）	中（30～70 分）	大（0～30 分）
人均水资源量 C1	>7500 立方米/人	1000～7500 立方米/人	<1000 立方米/人
自来水普及率 C2	50%以上	50%以下	0
人均用水量 C3	<60L/人·d	60～80L/人·d	>80L/人·d
人口规模 C4	<500 人	500～3000 人	>3000 人

续表

指　　标	评价等级		
	小（70～100 分）	中（30～70 分）	大（0～30 分）
卫生厕所普及率 *C*5	>80%	50%～80%	<50%
排污管网覆盖率 *C*6	>90%	60%～90%	<60%
污水处理率 *C*7	>70%	<70%	0
生活垃圾处理率 *C*8	>80%	<80%	0
所处水功能区 *C*9	开发利用区	缓冲区	保护保留区
地区经济条件 *C*10	>6000 元/年	3500～6000 元/年	<3500 元/年
环保政策实施状况 *C*11	有环保机构定期宣教	县级环保人员负责，偶尔有宣教	完全空白

注：有关评分标准设置参考了《全国环境优美乡镇考核标准》、《国家级生态村标准》、《农村生活污染控制技术规范》等相关指标的分级信息。

2. 黄泥张村各项指标得分及综合风险等级

结合黄泥张村的实际情况，根据上述指标分类，各指标打分如表 7-9 所示。

表 7-9　黄泥张村各项指标评分及计算表

指　　标	评价等级		
	打分平均分（分）	权重	得分（分）
人均水资源量 *C*1	70	0.023	1.617
自来水普及率 *C*2	100	0.051	5.140
人均用水量 *C*3	80	0.038	3.048
人口规模 *C*4	70	0.069	4.858
卫生厕所普及率 *C*5	100	0.147	14.720
排污管网覆盖率 *C*6	0	0.099	0.000
污水处理率 *C*7	0	0.096	0.000
生活垃圾处理率 *C*8	90	0.175	15.786
所处水功能区 *C*9	70	0.142	9.919
地区经济条件 *C*10	90	0.064	5.733
环保政策实施状况 *C*11	70	0.095	6.650
总分		1.000	67.471

按照此测算方式，最后得到该农村得分为 67.471 分，介于 30 分和 70

分之间，最后得到黄泥张村的风险等级为中等。主要原因是该村自来水普及率较高，各项设施较全，同时村民具有一定的环保意识，生活垃圾集中处理，在没有乡镇企业的专业养殖户的情况下，生活垃圾对水的污染占了较大比重。所处水功能区为缓冲区，对水污染的风险承受能力较强。

7.1.3 黄泥张村生活污水与畜禽养殖污水处理适用工程筛选

黄泥张村地处平原地区，总人口约 580 人，经济条件较好，人均收入在 6000 元/年以上。根据表 7-10 筛选出黄泥张村生活污水与畜禽养殖污水处理最佳处理工程技术为沼气池（分散处理）+ A^2/O 或稳定塘（集中处理）的联合处理工艺。

表 7-10 农村生活污水与畜禽养殖污水处理适用工程技术推荐表

地型种类	人口	人均收入		
		<3500 元/年	3500～6000 元/年	>6000 元/年
山地	<500 人	沼气池、稳定塘、A^2/O、人工湿地	沼气池、稳定塘、人工湿地、A^2/O	沼气池、化粪池、稳定塘、人工湿地
	500～3000 人	沼气池、稳定塘、人工湿地、A^2/O	沼气池、稳定塘、化粪池、人工湿地	沼气池、化粪池、稳定塘、人工湿地
	>3000 人	沼气池、A^2/O、稳定塘、人工湿地	沼气池、化粪池、稳定塘、人工湿地	沼气池、化粪池、A^2/O、稳定塘
平原	<500 人	沼气池、A^2/O、稳定塘、人工湿地	沼气池、化粪池、稳定塘、A^2/O	沼气池、化粪池、A^2/O、稳定塘
	500～3000 人	沼气池、A^2/O、稳定塘、人工湿地	沼气池、化粪池、A^2/O、稳定塘	沼气池、化粪池、稳定塘、人工湿地
	>3000 人	沼气池、A^2/O、稳定塘、人工湿地	沼气池、化粪池、稳定塘、人工湿地	沼气池、化粪池、A^2/O、稳定塘
丘陵/高原	<500 人	沼气池、稳定塘、A^2/O、人工湿地	沼气池、稳定塘、化粪池、人工湿地	沼气池、化粪池、稳定塘、人工湿地
	500～3000 人	沼气池、稳定塘、A^2/O、人工湿地	沼气池、化粪池、稳定塘、人工湿地	沼气池、化粪池、稳定塘、人工湿地
	>3000 人	沼气池、A^2/O、稳定塘、人工湿地	沼气池、A^2/O、稳定塘、化粪池	沼气池、化粪池、A^2/O、稳定塘

7.1.4 黄泥张村风险管理措施

1. 黄泥张村面临的问题

（1）该村人口数量为580人左右，经济条件较好，水资源量较为丰富，所处水功能区为农业用水和渔业用水区，即缓冲区，对水污染风险有较大的承受力，这些指标都不存在太多污染风险，评分相对较高。

（2）排污管网覆盖率为0，污水处理率为0。存在较大的环境风险，导致其相应指标得分为0。

2. 中等风险农村污水风险管理方法

1）适宜农村的环保宣教

（1）明确环保宣教渠道：环境教育的宣传模式应当贴近生活、生动、形象、简单、易懂；农村学校是人才聚集的地方，利用学校教师做宣传执行具有较好的效果；村干部做引导和监管，农村环境教育的进行会更加顺利。

（2）宣传对象分类化：在进行农村水环境宣传教育时，根据不同宣传对象的接受程度和喜好特点，可以对宣传对象进行划分。

（3）宣传方式多样化：电视、广播、宣传车、网络宣传、影视电教、咨询互动、书本宣教、社区新闻、报纸。

2）环保人员构建

加强基层环保力量，建议政府增加农村环保机关人员、农村环保监察人员及农村环保监测人员，加强农村环境监管能力。明确各级环保部门农村环保机构和人员配备要求。推广乡镇环保监管能力建设的成功模式和经验。

3）保障措施

加强农村环保基础设施建设和实用环保技术推广，包括垃圾处理设施、排污沟渠管网建设及污水处理设施等。该村人口规模相对较小，在生活污水和生活垃圾污染问题上，建议建设污水集中处理设施和污水收集管网。

7.1.5　最佳工程技术推荐

该村处于平原地区，水资源相对丰富；人口规模为 580 人左右，经济条件较好；但村中几乎没有建设污水治理设施。

根据课题研究成果最佳工程技术推荐的结果可以得到，该村污水最佳处理工程技术为沼气池（分散处理）+ A^2/O 或稳定塘（集中处理）的联合处理工艺。

鉴于该村未建设污水排放渠等收集系统，建议该村统一建设污水收纳渠等污水收集设施，引导污水进行集中治理。

7.2　农村生活源水污染风险管理应用案例——辽宁辽阳

7.2.1　徐家屯村概况

1. 概况

辽阳市宏伟区曙光镇徐家屯村位于辽阳市和辽化交界处，交通便利，资源丰富，环境优越。全村共有 2500 人左右，耕地面积 3200 亩。徐家屯村主要以工业和花卉业为主，人均年收入 6500 元以上，经济条件相对较好。年平均降水量 800～900 毫米，大部分集中在夏季，地下水集中开采造成大面积区域漏斗，水资源相对紧张（1200 立方米/人），人均用水量小于 60L/人·d。所处水功能区为开发利用区，用于工业发展和农业灌溉。村内成立了一支由 27 人组成的环卫队，投资 20 万元购买了 2 台垃圾清运车、24 台手推车，负责村内街道卫生清理工作，促进了村民良好生活习惯的养成，创建了整洁、舒适、文明的生活环境。全村实现了住房整齐有序，院落干净整洁，厕所环保实用。污水管网覆盖率和垃圾处理率都相对较高。村办企业“XX 集团”为当地经济发展的新引擎，工业铝型材生产形成产业集群，产能达到亚洲最大、全球第三位，为当地农村环境保护提供了经济支持。

2. 农村生活污水污染风险评价指标权重确认

建立总目标层、子目标层及指标层，三层指标体系模型。其中总目标层是农村生活污水污染风险综合评价；子目标层包括 4 个一级指标：供水方式、污水排放量、污水排放处理方式、污染承受力；指标层在 4 个一级指标下面具体分为 11 个二级指标。这些指标中既有定量指标，又有少量定性指标，可以比较全面地反映影响农村生活污水污染风险的主要因素和我国农村的特点。该指标体系的主要特点是，结构简单、层次清楚、指标精干、含义明确，既相互联系又相对独立。构建综合评价递阶层次模型如表 7-11 所示。

表 7-11　综合评价的递阶层次模型

总目标层	子目标层	具体指标
农村生活污水污染风险分析 *A*	污水产生量 *B*1	人均水资源量 *C*1
		自来水普及率 *C*2
		人均用水量 *C*3
		人口规模 *C*4
	污水排放方式 *B*2	卫生厕所普及率 *C*5
		排污管网覆盖率 *C*6
	污水处理方式 *B*3	污水处理率 *C*7
		生活垃圾处理率 *C*8
	污染承受力 *B*4	所处水功能区 *C*9
		地区经济条件 *C*10
		环保政策实施状况 *C*11

如表 7-12 所示为准则层 *B* 指标对目标 *A* 的判断矩阵。

表 7-12　准则层 *B* 指标对目标 *A* 的判断矩阵

A	*B*1	*B*2	*B*3	*B*4	权　重
*B*1	1	1/5	1/3	1/7	0.1821
*B*2	5	1	1/2	1/4	0.2459
*B*3	3	2	1	1/2	0.2717
*B*4	7	4	2	1	0.3003
一致性为 0.0649<0.1，具有满意的一致性					

如表 7-13 所示为因素指标相对准则层 *B*1 的判断矩阵。

表 7-13　因素指标相对准则层 *B*1 的判断矩阵

*B*1	*C*1	*C*2	*C*3	*C*4	权　重
*C*1	1	1/5	1/3	1/7	0.1269
*C*2	5	1	2	1/2	0.2825
*C*3	3	1/2	1	1/4	0.2093
*C*4	7	2	4	1	0.3813
一致性为 0.0037<0.1，具有满意的一致性					

如表 7-14 所示为因素指标相对准则层 *B*2 的判断矩阵。

表 7-14　因素指标相对准则层 *B*2 的判断矩阵

*B*2	*C*5	*C*6	权　重
*C*5	1	3	0.5987
*C*6	1/3	1	0.4013
一致性为 0<0.1，具有满意的一致性			

如表 7-15 所示为因素指标相对准则层 *B*3 的判断矩阵。

表 7-15　因素指标相对准则层 *B*3 的判断矩阵

*B*3	*C*7	*C*8	权　重
*C*7	1	1/4	0.3543
*C*8	4	1	0.6457
一致性为 0<0.1，具有满意的一致性			

如表 7-16 所示为因素指标相对准则层 *B*4 的判断矩阵。

表 7-16　因素指标相对准则层 *B*4 的判断矩阵

*B*4	*C*9	*C*10	*C*11	权　重
*C*9	1	5	3	0.4718
*C*10	1/5	1	1/3	0.2120
*C*11	1/3	3	1	0.3162
一致性为 0<0.1，具有满意的一致性				

如表 7-17 所示为层次总排序表。

表 7-17　层次总排序表

排　序	具体指标	总权重
11	人均水资源量 *C*1	0.0231
9	自来水普及率 *C*2	0.0514
10	人均用水量 *C*3	0.0381
7	人口规模 *C*4	0.0694
2	卫生厕所普及率 *C*5	0.1472
4	排污管网覆盖率 *C*6	0.0987
5	污水处理率 *C*7	0.0963
1	生活垃圾处理率 *C*8	0.1754
3	所处水功能区 *C*9	0.1417
8	地区经济条件 *C*10	0.0637
6	环保政策实施状况 *C*11	0.0950
汇总		1.0000

7.2.2　徐家屯村生活污水污染风险评价指标分级标准

1. 农村生活污水污染风险评价指标分级标准（见表 7-18）

表 7-18　风险评价指标及标准

指　标	评价等级		
	小（70～100 分）	中（30～70 分）	大（0～30 分）
人均水资源量 *C*1	>7500 立方米/人	1000～7500 立方米/人	<1000 立方米/人
自来水普及率 *C*2	50%以上	50%以下	0
人均用水量 *C*3	<60L/人·d	60～80L/人·d	>80L/人·d
人口规模 *C*4	<500 人	500～3000 人	>3000 人

续表

指 标	评价等级		
	小（70～100分）	中（30～70分）	大（0～30分）
卫生厕所普及率 *C5*	>80%	50%～80%	<50%
排污管网覆盖率 *C6*	>90%	60%～90%	<60%
污水处理率 *C7*	>70%	<70%	0
生活垃圾处理率 *C8*	>80%	<80%	0
所处水功能区 *C9*	开发利用区	缓冲区	保护保留区
地区经济条件 *C10*	>6000元/年	3500～6000元/年	<3500元/年
环保政策实施状况 *C11*	有环保机构定期宣教	县级环保人员负责，偶尔有宣教	完全空白

注：有关评分标准设置参考了《全国环境优美乡镇考核标准》《国家级生态村标准》《农村生活污染控制技术规范》等相关指标的分级信息。

2. 徐家屯村各项指标得分及综合风险等级

结合徐家屯村的实际情况，根据上述指标分类，各指标打分如表7-19所示。

表7-19 徐家屯村各项指标评分及计算表

指 标	评价等级		
	打分平均分（分）	权重	得分（分）
人均水资源量 *C1*	50	0.023	1.155
自来水普及率 *C2*	100	0.051	5.140
人均用水量 *C3*	80	0.038	3.048
人口规模 *C4*	70	0.069	4.858
卫生厕所普及率 *C5*	100	0.147	14.720
排污管网覆盖率 *C6*	90	0.099	8.883
污水处理率 *C7*	90	0.096	8.667
生活垃圾处理率 *C8*	100	0.175	17.540
所处水功能区 *C9*	70	0.142	9.919
地区经济条件 *C10*	90	0.064	5.733
环保政策实施状况 *C11*	80	0.095	7.600
总分		1.000	87.263

按照此测算方式，最后得到该农村得分为87.263分>70分，因此，确定徐家屯村的风险等级为低风险。主要原因是该村排污管网覆盖率、生活

垃圾处理率较高，各项设施较全，所处水功能区为开发利用区，对水污染的风险承受能力较强。

7.2.3　徐家屯村生活污水与畜禽养殖污水处理适用工程筛选

徐家屯村位于太子河流域，接近平原地区；人口规模为 2500 人左右；人均年收入 6500 元以上。根据表 7-20 筛选出徐家屯村生活污水与畜禽养殖污水处理最佳处理工程技术为沼气池或化粪池（分散处理）+稳定塘或人工湿地（集中处理）的联合处理工艺。

表 7-20　农村生活污水与畜禽养殖污水处理适用工程技术推荐表

地型种类	人口	人均收入		
		<3500 元/年	3500～6000 元/年	>6000 元/年
山地	<500 人	沼气池、稳定塘、A^2/O、人工湿地	沼气池、稳定塘、人工湿地、A^2/O	沼气池、化粪池、稳定塘、人工湿地
	500～3000 人	沼气池、稳定塘、人工湿地、A^2/O	沼气池、稳定塘、化粪池、人工湿地	沼气池、化粪池、稳定塘、人工湿地
	>3000 人	沼气池、A^2/O、稳定塘、人工湿地	沼气池、化粪池、稳定塘、人工湿地	沼气池、化粪池、A^2/O、稳定塘
平原	<500 人	沼气池、A^2/O、稳定塘、人工湿地	沼气池、化粪池、稳定塘、A^2/O	沼气池、化粪池、A^2/O、稳定塘
	500～3000 人	沼气池、A^2/O、稳定塘、人工湿地	沼气池、化粪池、A^2/O、稳定塘	沼气池、化粪池、稳定塘、人工湿地
	>3000 人	沼气池、A^2/O、稳定塘、人工湿地	沼气池、化粪池、稳定塘、人工湿地	沼气池、化粪池、A^2/O、稳定塘
丘陵/高原	<500 人	沼气池、稳定塘、A^2/O、人工湿地	沼气池、稳定塘、化粪池、人工湿地	沼气池、化粪池、稳定塘、人工湿地
	500～3000 人	沼气池、稳定塘、A^2/O、人工湿地	沼气池、化粪池、稳定塘、人工湿地	沼气池、化粪池、稳定塘、人工湿地
	>3000 人	沼气池、A^2/O、稳定塘、人工湿地	沼气池、A^2/O、稳定塘、化粪池	沼气池、化粪池、A^2/O、稳定塘

7.2.4　徐家屯村风险管理措施

1. 徐家屯村面临的问题

（1）该村人口数量为 2500 人左右，是居民集中居住地，人口规模处于中级风险。

（2）村里有工业企业，对环境污染存在一定的风险。

2. 低等风险农村污水风险管理方法

在指定负责人的基础上，明确具体的环保工作职能，加强对水污染异动影响因素预防和监管，提高环保信息公开化程度。

做好对外环保宣教。该村已经拥有较为完善的环保宣教体系，通过长期的渲染，使之逐步具备较强的环保意识；挖掘地区传统文化特点，将环保形式与之结合，推动环保宣传深入发展。

7.2.5 最佳工程技术推荐

该村处于太子河岸边，接近平原地区；人口规模为2500人左右，有完善的生活垃圾处理程序，人均收入相对较高。

根据前文最佳工程技术推荐的结果可以得到，该村污水最佳处理工程技术为沼气池或化粪池（分散处理）+稳定塘或人工湿地（集中处理）的联合处理工艺。

当前该村公共厕所环保实用，生活污水处理相对较好。由于该村收入相对较高，而且有企业对当地环境保护的扶持，建议该村进一步提高污水处理效果，为辽河流域水质改善做出有益的贡献。

7.3 农村生活源水污染风险管理应用案例——重庆奉节

7.3.1 石盘村概况

1. 概况

石盘村位于重庆市奉节县太和乡，处于山地地带，周围多山。石盘村总人口 2300 人，经济条件一般，人均收入为 3000 元/年，水资源量较为丰富，由于厨房和洗涤用水等供水方式为井水，因此自来水普及率不高，约占 20%。人均用水量为 40～60L/人·d，生活污水和畜禽散养污水直接排放，卫生厕所普及率大约为 80%，除了在建的高山移民点有铺设排污管网外，其余基本没有排污管网，因此，覆盖率为 20%左右。污水处理率目前为 0，生活垃圾处理率为 0，所处水功能区处于饮用水源区，环保政策实施状况为村级环保和宣教完全空白。

2. 农村生活污水污染风险评价指标权重确认

建立总目标层、子目标层、指标层三层指标体系模型。其中，总目标层是农村生活污水污染风险综合评价；子目标层包括 4 个一级指标：供水方式、污水排放量、污水排放处理方式、污染承受力；指标层在 4 个一级指标下面具体分为 11 个二级指标。这些指标中既有定量指标，又有少量定性指标，可以比较全面地反映影响农村生活污水污染风险的主要因素和我国农村的特点。该指标体系的主要特点是结构简单、层次清楚、指标精干、含义明确，既相互联系又相对独立。构建综合评价递阶层次模型如表 7-21 所示。

表 7-21　综合评价的递阶层次模型

总目标层	子目标层	具体指标
农村生活污水污染风险分析 *A*	污水产生量 *B*1	人均水资源量 *C*1
		自来水普及率 *C*2
		人均用水量 *C*3
		人口规模 *C*4
	污水排放方式 *B*2	卫生厕所普及率 *C*5
		排污管网覆盖率 *C*6
	污水处理方式 *B*3	污水处理率 *C*7
		生活垃圾处理率 *C*8
	污染承受力 *B*4	所处水功能区 *C*9
		地区经济条件 *C*10
		环保政策实施状况 *C*11

如表 7-22 所示为准则层 *B* 指标对目标 *A* 的判断矩阵。

表 7-22　准则层 *B* 指标对目标 *A* 的判断矩阵

A	*B*1	*B*2	*B*3	*B*4	权　重
*B*1	1	1/5	1/3	1/7	0.1821
*B*2	5	1	1/2	1/4	0.2459
*B*3	3	2	1	1/2	0.2717
*B*4	7	4	2	1	0.3003
一致性为 0.0649<0.1，具有满意的一致性					

如表 7-23 所示为因素指标相对准则层 *B*1 的判断矩阵。

表 7-23　因素指标相对准则层 *B*1 的判断矩阵

*B*1	*C*1	*C*2	*C*3	*C*4	权　重
*C*1	1	1/5	1/3	1/7	0.1269
*C*2	5	1	2	1/2	0.2825
*C*3	3	1/2	1	1/4	0.2093
*C*4	7	2	4	1	0.3813
一致性为 0.0037<0.1，具有满意的一致性					

如表 7-24 所示为因素指标相对准则层 *B*2 的判断矩阵。

表 7-24　因素指标相对准则层 *B*2 的判断矩阵

*B*2	*C*5	*C*6	权　重
*C*5	1	3	0.5987
*C*6	1/3	1	0.4013
一致性为 0<0.1，具有满意的一致性			

如表 7-25 所示为因素指标相对准则层 *B*3 的判断矩阵。

表 7-25　因素指标相对准则层 *B*3 的判断矩阵

*B*3	*C*7	*C*8	权　重
*C*7	1	1/4	0.3543
*C*8	4	1	0.6457
一致性为 0<0.1，具有满意的一致性			

如表 7-26 所示为因素指标相对准则层 *B*4 的判断矩阵。

表 7-26　因素指标相对准则层 B4 的判断矩阵

B4	C9	C10	C11	权　重
C9	1	5	3	0.4718
C10	1/5	1	1/3	0.2120
C11	1/3	3	1	0.3162
一致性为 0<0.1，具有满意的一致性				

如表 7-27 所示为层次总排序表。

表 7-27　层次总排序表

排　序	具体指标	总权重
11	人均水资源量 C1	0.0231
9	自来水普及率 C2	0.0514
10	人均用水量 C3	0.0381
7	人口规模 C4	0.0694
2	卫生厕所普及率 C5	0.1472
4	排污管网覆盖率 C6	0.0987
5	污水处理率 C7	0.0963
1	生活垃圾处理率 C8	0.1754
3	所处水功能区 C9	0.1417
8	地区经济条件 C10	0.0637
6	环保政策实施状况 C11	0.0950
汇总		1.0000

7.3.2　石盘村生活污水污染风险评价指标分级标准

1. 农村生活污水污染风险评价指标分级标准（见表 7-28）

表 7-28　风险评价指标及标准

指　标	评价等级		
	小（70～100 分）	中（30～70 分）	大（0～30 分）
人均水资源量 C1	>7500 立方米/人	1000～7500 立方米/人	<1000 立方米/人
自来水普及率 C2	50%以上	50%以下	0
人均用水量 C3	<60L/人·d	60～80L/人·d	>80L/人·d
人口规模 C4	<500 人	500～3000 人	>3000 人

续表

指　　标	评价等级		
	小（70～100 分）	中（30～70 分）	大（0～30 分）
卫生厕所普及率 C5	>80%	50%～80%	<50%
排污管网覆盖率 C6	>90%	60%～90%	<60%
污水处理率 C7	>70%	<70%	0
生活垃圾处理率 C8	>80%	<80%	0
所处水功能区 C9	开发利用区	缓冲区	保护保留区
地区经济条件 C10	>6000 元/年	3500～6000 元/年	<3500 元/年
环保政策实施状况 C11	有环保机构定期宣教	县级环保人员负责，偶尔有宣教	完全空白

注：有关评分标准设置参考了《全国环境优美乡镇考核标准》《国家级生态村标准》《农村生活污染控制技术规范》等相关指标的分级信息。

2. 石盘村各项指标得分及综合风险等级

结合石盘村的实际情况，根据上述指标分类，各指标打分如表 7-29 所示。

表 7-29　石盘村各项指标评分及计算表

指　　标	评价等级		
	打分平均分（分）	权重	得分（分）
人均水资源量 C1	70	0.023	1.617
自来水普及率 C2	30	0.051	1.542
人均用水量 C3	80	0.038	3.048
人口规模 C4	40	0.069	2.776
卫生厕所普及率 C5	70	0.147	10.304
排污管网覆盖率 C6	10	0.099	0.987
污水处理率 C7	0	0.096	0.000
生活垃圾处理率 C8	0	0.175	0.000
所处水功能区 C9	20	0.142	2.834
地区经济条件 C10	25	0.064	1.593
环保政策实施状况 C11	20	0.095	1.900
总分		1.000	26.601

按照此测算方式，最后得到该农村得分为 26.601 分<30 分，因此，确定石盘村的水污染风险等级为高风险。主要原因是石盘村地处饮用水源，

风险承受力较差，同时村里污水防治设施和村民环保意识都较弱。

7.3.3 石盘村生活污水与畜禽养殖污水处理适用工程筛选

石盘村位于重庆市奉节县太和乡，处于山地地带，周围多山。总人口2300人，经济条件一般，人均收入为3000元/年，根据表7-30筛选出石盘村生活污水与畜禽养殖污水处理最佳处理工程技术为沼气池（分散处理）+稳定塘或人工湿地（集中处理）的联合处理工艺。

表7-30 农村生活污水与畜禽养殖污水处理适用工程技术推荐表

地型种类	人口	人均收入		
		<3500元/年	3500～6000元/年	>6000元/年
山地	<500人	沼气池、稳定塘、A^2/O、人工湿地	沼气池、稳定塘、人工湿地、A^2/O	沼气池、化粪池、稳定塘、人工湿地
	500～3000人	沼气池、稳定塘、人工湿地、A^2/O	沼气池、稳定塘、化粪池、人工湿地	沼气池、化粪池、稳定塘、人工湿地
	>3000人	沼气池、A^2/O、稳定塘、人工湿地	沼气池、化粪池、稳定塘、人工湿地	沼气池、化粪池、A^2/O、稳定塘
平原	<500人	沼气池、A^2/O、稳定塘、人工湿地	沼气池、化粪池、稳定塘、A^2/O	沼气池、化粪池、A^2/O、稳定塘
	500～3000人	沼气池、A^2/O、稳定塘、人工湿地	沼气池、化粪池、A^2/O、稳定塘	沼气池、化粪池、稳定塘、人工湿地
	>3000人	沼气池、A^2/O、稳定塘、人工湿地	沼气池、化粪池、稳定塘、人工湿地	沼气池、化粪池、A^2/O、稳定塘
丘陵/高原	<500人	沼气池、稳定塘、A^2/O、人工湿地	沼气池、稳定塘、化粪池、人工湿地	沼气池、化粪池、稳定塘、人工湿地
	500～3000人	沼气池、稳定塘、A^2/O、人工湿地	沼气池、化粪池、稳定塘、人工湿地	沼气池、化粪池、稳定塘、人工湿地
	>3000人	沼气池、A^2/O、稳定塘、人工湿地	沼气池、A^2/O、稳定塘、化粪池	沼气池、化粪池、A^2/O、稳定塘

7.3.4 石盘村风险管理措施

1. 石盘村面临的问题

（1）该地人口数量为2300人，居民居住地相对集中，人口规模处于中级风险。

（2）人均水资源量丰富，居民以井水为饮用水，自来水普及率不高。

（3）排污管网覆盖率为 20%左右，污水处理率为 0，生活垃圾处理率为 0。水功能区处于饮用水源区，村级环保和宣教完全空白。这些都存在较大的环境风险，也导致了其相应指标得分偏低。

2. 高等风险农村污水风险管理方法

1）构建环保教育体系并加强环保教育保障

重视环境宣传教育机构和人才队伍建设；加强对环境宣传教育工作的组织领导；建立健全环境保护公众参与机制；拓宽渠道，鼓励广大公众参与环境保护。

2）构建村级环保机构

需要配备村级环保机构人员；配备配套设施和技术，逐步实行农村环境定点监测；开展村级环保机构制度建设。

7.3.5　最佳工程技术推荐

该村处于山地地区，水资源相对丰富；人口规模为 2300 人，是居民集中居住地；该村人均收入相对较低；村中几乎没有建设污水治理设施。

根据前文最佳工程技术推荐的结果可以得到，该村污水最佳处理工艺技术为沼气池（分散处理）+稳定塘或人工湿地（集中处理）的联合处理工艺。

鉴于该村未建设污水排放渠等收集系统，建议该村统一建设污水收纳渠等污水收集设施，引导污水进行集中治理。

第 8 章

农村生活源水污染风险管理展望

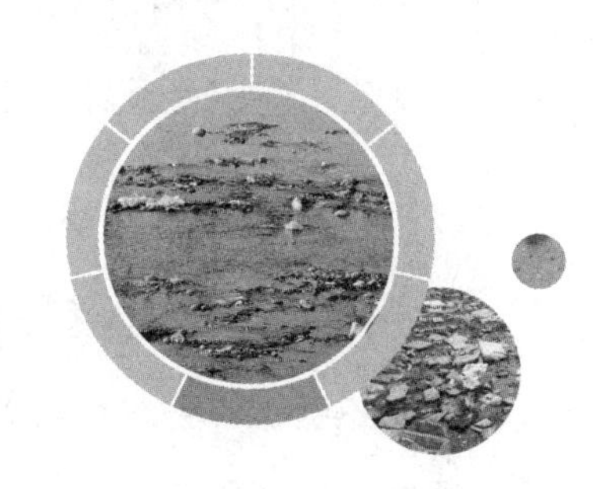

8.1　农村生活源污水处理技术局限与不足

我国农村非点源污染管理才刚刚起步，在体制机制上，农村非点源的污染风险评价及分级管理研究都尚处于探索阶段，对有些体制机制的问题可能存在“戴有色眼镜看事物”的情况。

在最佳工程筛选技术方面也鲜有相关报告研究，目前技术涉及的还不甚全面，我国南北方经济条件、地形地貌、温度湿度差异较大，有些工程技术在实际应用中还要根据地方特色调整参数。

非点源污染研究还缺乏系统、可靠、易得的研究资料，本书以制度、立法和政策、最佳工程筛选和农村非点源风险评价分级为研究切入点，在农村水污染驱动因素分析、工程筛选指标体系权重分析和非点源风险分级综合评价等方面，其研究过程都采用了层次分析法进行打分，在计算分析方面还存在一定主观因素，如果条件允许，可采用主、客观相结合的打分方法来确定指标权重和赋分。

8.2　农村生活源水污染风险管理讨论与展望

本书以农村生活污水和农村散养畜禽污水为对象，开展了农村生活污水与散养畜禽污水环境风险研究，利用回归模型进行了水环境保护驱动因素的利益相关者识别和分析，提出了相应的立法导向建设建议；基于灰色理论关联系数法构建了农村生活污水处理工程筛选模型；开发了基于污水排放量、污水排放方式、污水处理设施、污染承受力四项一级指标的农村生活污水与散养畜禽污水风险评价指标体系和对应的风险分级评估方法，提出了流域农村生活污水与散养畜禽污水风险管理在法律法规、技术与监督管理方面的政策建议，形成了《农村生活污水与散养畜禽污水风险管理手册》（建议稿）。

本书结合农村生活源污水的特点，利用灰色理论法构建了农村生活与畜禽养殖污水的工程技术筛选模型，为流域非点源风险管理提供了一定的技术支撑；并提出了农村水污染风险管理分级管理的基本框架和监管对策，对流域非点源风险管理的监督管理具备一定的指导意义。

本书的研究从立法与政策、最佳工程筛选、风险分级管理等多个角度探讨农村污水污染防治，属基础性科学研究。研究成果形成了 3 份对政府决策层和相关机构有参考意义的建议报告（《农村生活和畜禽散养污水风险管理的立法导向和政策建议》、《农村生活和畜禽散养污水风险管理的技术政策建议》和《农村生活和畜禽散养污水风险管理的监管政策建议》），成果可直接为国家构建流域污染风险管理体系提供理论基础，有利于我国农

村水环境保护政策的制定。

农村污水污染风险分级综合评价方面的成果已应用于三个农村环境保护管理中（辽阳市宏伟区曙光乡徐家屯村、重庆市奉节县太和乡石盘村和江苏省丹阳市横塘镇黄泥张村），并编制了成果应用方案。此外，本书研究成果也已成功应用于《佛山市水库水资源保护规划》和《珠海市饮用水源地保护办法》等多个项目的污染源管理体系建设当中，为我国农村的生态环境可持续发展做出了有益的贡献。

本书意图把握和了解农村污水治理问题的主要矛盾与基本思路，揭示农村污水治理的深层次制度症结，借鉴国外先进的立法与管理经验，并反思现有政策与法律的不足。文章若干观点与建议，希冀对降低我国农村生活污水和畜禽散养污水污染风险的实践有所裨益。但是农村问题的研究，特别是现阶段的农村水环境研究，是一项复杂而长期艰巨的工程，绝非一稿之见可以完结的。本书只是做了一些探索性和思考性的工作，许多问题还有待进一步研究，在此借拙作为起点，作为学术界和管理部门做进一步的实践和理论探索的参考。

参考文献

[1] 朱建华, 逯元堂. 基于协整分析的我国“十二五”水污染防治投资预测[J]. 中国人口. 资源与环境, 2014 , (S1):319-322.

[2] 林长春, 孙二虎. 水资源概论[M]. 北京：兵器工业出版社.

[3] 陈红书. 浅析我国水资源与水污染治理现状[J]. 云南环境科学, 2003, S1 :66-69.

[4] 张娣. 我国水环境监测存在的问题及对策分析[J]. 硅谷, 2013, 12 :164+163.

[5] 夏军, 翟金良, 占车生. 我国水资源研究与发展的若干思考[J]. 地球科学进展, 2011, 90 :905-915.

[6] 郦建强, 王建生, 颜勇. 我国水资源安全现状与主要存在问题分析[J]. 中国水利, 2011, 23: 42-51.

[7] Jing Sun, Qian Luo, Donghong Wang, et al. Occurrences of pharmaceuticals in drinking water sources of major river watersheds, China[J]. Ecotoxicology and Environmental Safety, 2015, 117: 132-140.

[8] 王浩. 中国水资源问题与可持续发展战略研究[M]. 北京：中国电力出版社.

[9] 谭秀娟, 郑钦玉. 我国水资源生态足迹分析与预测[J]. 生态学报, 2009, 07: 3559-3568.

[10] 雷川华, 吴运卿. 我国水资源现状、问题与对策研究[J]. 节水灌溉, 2007, 04: 41-43.

[11] 国家环境保护总局. 小城镇环境问题及对策[M]. 北京：中国环境科学出版社.

[12] 郭一令, 韩金益, 高晓兰, 等. 常熟市农村分散污水收集处理技术与运行管理调查研究[J]. 安徽农业科学, 2014, 08: 2441-2444.

[13] Matthew E. Verbyla, James R. Mihelcic. A review of virus removal in wastewater treatment pond systems[J]. Water Research, 2015, 71(15): 107-124.

[14] 梁祝, 倪晋仁. 农村生活污水处理技术与政策选择[J]. 中国地质大学学报（社会科学版）, 2007, 03:18-22.

[15] 曹群, 佘佳荣. 农村污水处理技术综述[J]. 环境科学与管理, 2009, 03: 118-121.

[16] 环境保护部污染物排放总量控制司. 城镇分散型水污染物减排实用技术汇编[M]. 北京: 中国环境科学出版社.

[17] Lin Ma, Feng He, Jian Sun, et al. Remediation effect of pond-ditch circulation on rural wastewater in southern China[J]. Ecological Engineering, 2015, 77: 363-372.
[18] 魏群, 陈如融, 吴贤华, 等. 农村污水收集模式与常用处理技术[J]. 广西城镇建设, 2012, 03:96-100.
[19] 左玉辉, 徐曼, 张亚平, 等. 农村环境调控[M]. 北京：科学出版社.
[20] 朱兆良, 孙波. 中国农业面源污染控制对策[M]. 北京：环境科学出版社.
[21] 田丽丽, 姜博, 付义. 全国水污染现状分析[J]. 黑龙江科技信息, 2012, 25: 61.
[22] 李仰斌, 张国华, 谢崇宝. 我国农村生活排水现状及处理对策建议[J]. 中国水利, 2008, 03:51-53.
[23] 蒋克彬, 彭松, 张小海, 等. 农村生活污水分散式处理技术及应用[M]. 北京：中国建筑工业出版社.
[24] 江曙光. 中国水污染现状及防治对策[J]. 水产科技情报, 2010, 04: 177-181.
[25] 孙兴旺, 马友华, 王桂苓, 等. 中国重点流域农村生活污水处理现状及其技术研究[J]. 中国农学通报, 2010, 18:384-388.
[26] 孙瑞敏. 我国农村生活污水排水现状分析[J]. 能源与环境, 2010, 05: 33-34+42.
[27] 曾鸣, 谢淑娟. 中国农村环境问题研究——制度透析与路径选择[M]. 北京：经济管理出版社.
[28] 周正, 周颖辉. 我国农村水污染现状及防治方法[J]. 北方环境, 2011, 06: 97-99.
[29] Goro Mouri, Satoshi Takizawa, Taikan Oki. Spatial and temporal variation in nutrient parameters in stream water in a rural-urban catchment, Shikoku, Japan: Effects of land cover and human impact[J]. Journal of Environmental Management, 2011, 92(7): 1837-1848.
[30] 张金锋, 郭铁女. 澳大利亚、法国水资源管理经验及启示[J]. 人民长江, 2012, 07: 89-93.
[31] Yifeng Wu, Wenbo Zhu, Xiwu Lu. Identifying key parameters in a novel multistep bio-ecological wastewater treatment process for rural areas[J]. Ecological Engineering, 2013, 61: 166-173.
[32] 曾令芳. 简评国外农村生活污水处理新方法 [J]. 中国农村水利水电, 2001, 09: 30-31+33.
[33] Ranbin Liu, Yaqian Zhao, Liam Doherty, et al. A review of incorporation of constructed wetland with other treatment processes[J]. Chemical Engineering Journal, 2015, 279: 220-230.
[34] 姚澄宇. 我国城市水污染现状剖析与对策初探[J]. 给水排水, 2010, S1: 138-143.

[35] Shubiao Wu, David Austin, Lin Liu, et al. Performance of integrated household constructed wetland for domestic wastewater treatment in rural areas[J]. Ecological Engineering, 2011, 37(6): 948-954.

[36] 白晓龙, 顾卫兵, 杨春和, 等. 农村生活污水处理模式研究[J]. 安徽农业科学, 2010, 26: 14571-14572.

[37] 刘一源. 城市水污染现状与防治研究[J]. 泰山学院学报, 2014, 06: 107-112.

[38] 贺瑞军. 城市污水处理的现状及展望[J]. 科技情报开发与经济, 2006, 24: 181-182.

[39] 张铁亮, 周其文, 赵玉杰, 师荣光, 郑顺安. 我国农村水环境管理体制现状、问题及改革建议[J]. 农业环境与发展, 2011, 06: 37-40.

[40] 许复初. 我国节水灌溉技术与设备发展现状和未来发展模式的建议[J]. 节水灌溉, 2010, 05: 58-60+63.

[41] 何安吉, 黄勇. 农村生活污水处理技术研究进展及改进设想[J]. 环境科技, 2010, 03: 68-71+75.

[42] Goro Mouri, Seirou Shinoda, Taikan Oki. Assessing environmental improvement options from a water quality perspective for an urban-rural catchment[J]. Environmental Modelling and Software, 2012, 32: 16-26.

[43] 李玉义, 逄焕成, 王婧, 等. 中国节水农作制度发展趋势探讨[J]. 中国农业大学学报, 2010, 03: 88-93.

[44] 张克强, 高怀友. 畜禽养殖业污染物处理与处置[M]. 北京：化学工业出版社.

[45] 欧洲共同体联合研究中心. 集约化畜禽养殖污染综合防治最佳可行技术[M]. 北京：化学工业出版社.

[46] 张路寒, 韩冶. 浅谈畜禽粪便污染的危害与处理[J]. 中国畜禽种业, 2010, 06: 40-41.

[47] 朱凤连, 马友华, 周静, 等. 我国畜禽粪便污染和利用现状分析[J]. 安徽农学通报, 2008, 13: 48-50+12.

[48] 何强, 孙倩, 翟俊, 等. 高氮高浓度粪便污水处理技术研究[J]. 重庆建筑大学学报, 2007, 04: 104-106.

[49] 成红, 陶蕾. 我国节水立法的实证研究[J]. 河海大学学报（哲学社会科学版）, 2007, 03: 44-47+90-91.

[50] 谭学军, 张惠锋, 张辰. 农村生活污水收集与处理技术现状及进展[J]. 净水技术, 2011, 02: 5-9+13.